LangChain
简明讲义

从0到1构建LLM应用程序

刘伟舟　张婉平　著

电子工业出版社·

Publishing House of Electronics Industry

北京·BEIJING

内 容 简 介

本书的内容由浅入深，第 1 章和第 2 章介绍大语言模型和 LangChain 的基础知识，使读者能够对本书内容有整体的认识，并完成运行环境的安装配置，为后续实践奠定基础。第 3 章至第 8 章详细介绍 LangChain 的重要模块，包括模型调用、链、智能体等，深入浅出地介绍了各模块的原理和使用方式。第 9 章至第 11 章涉及实践项目，包括对话机器人、代码理解、检索增强生成，通过这些项目，读者能更好地理解如何基于 LangChain 构建自己的大语言模型应用系统。

本书适合 AI 应用程序开发者、对大语言模型感兴趣的开发者，以及对大语言模型感兴趣的高等院校学生阅读。

图书在版编目（CIP）数据

LangChain 简明讲义：从 0 到 1 构建 LLM 应用程序 / 刘伟舟，张婉平著. —北京：电子工业出版社，2024.3
ISBN 978-7-121-47527-6

Ⅰ．①L⋯ Ⅱ．①刘⋯ ②张⋯ Ⅲ．①程序开发工具 Ⅳ．①TP311.561

中国国家版本馆 CIP 数据核字（2024）第 057404 号

责任编辑：张 晶
印　　刷：北京七彩京通数码快印有限公司
装　　订：北京七彩京通数码快印有限公司
出版发行：电子工业出版社
　　　　　北京市海淀区万寿路 173 信箱　　邮编：100036
开　　本：720×1000　　1/16　　印张：12.25　　字数 176.4 千字
版　　次：2024 年 3 月第 1 版
印　　次：2024 年 6 月第 2 次印刷
定　　价：80.00 元

前　言

计算机在未来的角色不是计算，而是连接人类的桥梁。

——雷·库兹韦尔

在人类历史上，语言一直是连接人类思考、交流和创造的桥梁。随着科技的迅猛发展，大语言模型成为人工智能领域的一颗璀璨明星。它在自然语言处理、对话系统和代码理解等方面的广泛应用，为我们带来了前所未有的机遇和挑战。ChatGPT 等大语言模型正在以前所未有的方式改变我们对语言的理解和利用方式。这些改变使得人们能够更加方便地与计算机进行交流和互动，为人工智能技术在各个领域的应用提供了更加广阔的前景。在这个人工智能技术快速发展的时代，我们非常高兴地为您呈现《LangChain 简明讲义：从 0 到 1 构建 LLM 应用程序》。

《LangChain 简明讲义：从 0 到 1 构建 LLM 应用程序》的目标是，帮助读者深入了解大语言模型的使用方法，尤其是基于开源的大语言模型集成工具 LangChain。本书从基础概念到实际操作，对大语言模型和 LangChain 进行了全面的介绍，以便读者深入了解模型的原理和 LangChain 的运作方式。全书分为 11 章，涵盖了大语言模型的基础知识、LangChain 的核心功能和涉及的技术，以及如何在实际项目中应用这些技术。从大语言模型简介到对话机器人实践，再到代码理解和检索增强生成，每一章都是您踏上大语言模型技术之旅的有益指南。本书的结构由浅入深，第 1 章和第 2 章介绍大语言模型和 LangChain 的基础知识，使读者能够对本书内容有整体的认识，并完成运行环境的安装配置，为后续实践奠定基础。第 3 章至第 8 章详细介绍

LangChain 的重要模块，包括模型调用、链、智能体等，深入浅出地介绍了各模块的原理和使用方式。第 9 章至第 11 章涉及实践项目，包括对话机器人、代码理解、检索增强生成，通过这些项目，读者能更好地理解如何基于 LangChain 构建自己的大语言模型应用系统。

请注意，大语言模型和 LangChain 工具目前仍在迅猛发展的阶段。我们极力推荐读者在阅读本书的同时，积极关注开源社区的最新动向。技术领域的创新可能迅速带来新版本和新功能的发布，因此，积极参与社区活动、分享经验和见解，是持续学习、保持竞争力的不二法门。

编写本书是一项艰巨而有趣的任务，需要大量的思考、实践和团队协作。在此，我们要感谢 LangChain 团队的所有成员及所有开源社区的贡献者，也要感谢那些在大语言模型领域做出卓越贡献的学者和工程师们，他们的工作成果为本书提供了坚实的基础。在撰写本书的过程中，我们要特别感谢电子工业出版社专业的团队，他们的专业建议和耐心指导使得本书更加准确易懂，感谢他们对我们工作的支持与贡献。

感谢您选择阅读《LangChain 简明讲义：从 0 到 1 构建 LLM 应用程序》。我们希望这本书能够成为您在大语言模型领域的得力伙伴，引领您探索大语言模型技术的未来。祝您阅读愉快，愿本书能为您的学习和实践带来启发与收获。

作者团队　敬上

目　　录

第1章

大语言模型简介

随着科技的不断进步，人工智能（Artificial Intelligence，AI）正迅速改变着我们的生活和工作方式。其中，大语言模型（Large Language Models，LLM）的出现和发展引领了自然语言处理（Natural Language Processing，NLP）领域的一次革命，也带来了 AI 领域的全面变革。这些大模型不仅在解决各种 NLP 任务中表现出色，还在搜索引擎、聊天助手、语言翻译和智能信息检索等领域展现了惊人的应用潜力。

本章将带领你深入探索大语言模型的世界，探讨它们的工作原理、应用领域、面对的挑战与前景。我们将介绍这些模型的基本概念、核心技术以及它们如何在各种实际场景中产生深远影响。无论您是一名研究者、工程师还是对人工智能感兴趣的普通读者，本章都将为您提供深入了解大语言模型的机会，帮助您更好地理解这一前沿领域的技术和发展趋势。让我们一起踏上这段令人激动的探索之旅，探讨大语言模型如何改变我们的数字世界。

1.1 大语言模型定义

在开始深入了解大语言模型之前，让我们首先学习一些语言模型的基础知识。本节将为您提供有关自然语言处理、自然语言理解（Natural Language Understanding，NLU），以及语言模型发展历程的重要背景信息。

自然语言处理与理解

自然语言处理是人工智能领域的重要分支，旨在使计算机能够理解、分析和生成自然语言文本，就像人类一样。自然语言处理的目标是让计算机能够处理和交互使用自然语言，这包括文本的阅读、语言的理解和生成自然语言响应。

自然语言理解是自然语言处理的关键组成部分，它涉及将自然语言文本转化为计算机可以理解的形式。NLU 系统必须能够识别文本中的语法结构、词汇、语义和上下文信息。这使计算机能够对文本进行深入的理解，以便执行各种任务，例如回答问题、自动翻译、情感分析和信息检索。

语言模型的发展历程

自从 20 世纪 50 年代提出了图灵测试以来，人类一直在探索机器掌握语言智能的可能性。语言本质上是由语法规则管理的复杂人类表达系统。开发具备足够智能的人工智能算法，对于理解和掌握语言来说，是一项重大挑战。在过去的二十年中，语言建模作为一种主要方法得到了广泛研究。从统计语言模型发展到神经语言模型，语言模型的发展历程可以分为以下主要阶段。

- 统计语言模型（Statistical Language Models，SLM）：统计语言模型是在 20 世纪 90 年代兴起的，基于统计学习方法。它们的基本思想是通过考虑最近的上下文来预测下一个单词。然而，统计语言模型常常受到维度问题的挑战，因为估计高阶语言模型的转移概率非常困难。

- 神经语言模型（Neural Language Models，NLM）：神经语言模型通过神经网络来表示单词序列的关系和规律。神经语言模型的一个关键贡献是引入了单词的分布式表示概念，它通过聚合上下文特征进行单词预测，在解决各种自然语处理问题的过程中发挥了重要作用。

- 预训练语言模型（Pre-trained Language Models，PLM）：近年来，预训练语言模型成为主流。它们通过在大规模未标记语料库上进行预训练来捕获上下文感知的单词表示。BERT 是其中一个重要的模型，它在大规模语料上进行预训练，提供了通用的语义特征，大幅提升了处理自然语言任务的性能。
- 大语言模型（Large Language Models，LLM）：研究人员发现，通过训练更大规模的预训练语言模型，通常可以提高模型在各种任务上的性能。这些大型预训练语言模型表现出与小型模型不同的行为，甚至在解决复杂任务时展现出令人惊讶的能力。ChatGPT 是一个典型的大语言模型应用，它能够与人进行自然地对话。

这些模型使得计算机能够更好地理解和使用我们的自然语言，被广泛应用于搜索引擎、自动化客服、语音识别和机器翻译等领域，以改善我们的日常生活和工作体验。目前大语言模型因为在各种自然语言处理任务上的出色表现，获得了学术界和产业界的共同关注，是最主流的语言模型。

什么是大语言模型

大语言模型是一种语言模型，其核心是众多参数组成的人工神经网络，通常包括数十亿个或更多的权重。这些模型经过自监督学习或半监督学习，在大规模未标记文本数据集上进行训练。大语言模型首次出现是在 2018 年左右，一经出现就以卓越的性能在各种任务中崭露头角。

"大语言模型"这一术语没有严格的定义，它通常指参数量高达数十亿甚至更多的深度学习模型。这些大语言模型是通用的，它们在广泛的任务中表现出色，而不是专门针对某个特定任务（例如情感分析、实体识别或数学推理）进行训练的。

这些模型在诸如预测句子中的下一个单词等简单任务上接受过训练，令人惊讶的是，经过充分训练并拥有足够的大规模参数的神经语言模型能够捕获人类语言的大部分句法和语义特征。此外，大语言模型还展示了相当多的关于世界的常识，并且能够在训练期间"记住"大量事实。这使它们成为在自然语言处理领域和其他领域被广泛使用的强大工具。

如图 1-1 所示，大语言模型接受文本作为输入，并可以产生文本作为输出。此外，它还可以生成与输入文本相关的各种以数字表示的特征，这些特征可以应用在多种下游场景中。

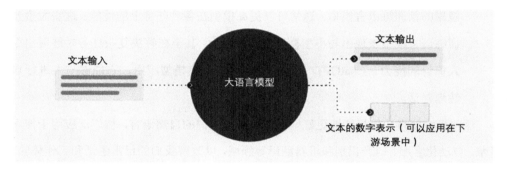

图 1-1

让我们通过一些示例来更好地理解这个过程。

- 对于输入输出都是文本的文本补全任务。

输入文本：天空中有一轮明月。

模型生成文本：天空中有一轮明月。夜风轻拂，宛如水面上的涟漪。

在这个示例中，模型接受了一句诗句作为输入，然后生成了与其相关的连贯文本，扩展了原始文本的意义。

- 对于输入为文本，输出为数字形式的特征的任务。

输入文本如下。

1. 这部电影真是太精彩了！

2. 这部电影真是太无聊了！

3. 我看这部电影快睡着了！

模型生成文本的数字形式特征，那么从上面三个文本提取的特征会有以下关系。

首先，第 1 个和第 2 个句子之间的相似度可能相对较低，因为 1 个句子表达了积极的情感，而第 2 个句子表达了消极的情感。然后，第 2 个句子和第 3 个句子之间的相似度可能稍高一些，因为它们都包含了一定的消极情感元素。这些数字形式的特征可以在语义匹配和检索等任务中得到应用。例如，在情感分析任务中，我们可以使用这些特征来判断文本的情感。在信息检索中，可以根据文本之间的相似度进行相关信息检索。此外，这些特征还可以用于文本分类、聚类及推荐系统，以提高模型对文本数据的理解和利用能力。

大语言模型的崛起

随着计算机硬件性能的不断提升、大规模数据集的可用性及深度学习技术的发展，大语言模型近年来迅速崛起并引起了广泛的关注。以下是大语言模型崛起的一些关键因素和背景。

- 数据量的爆发性增长：互联网的普及导致了大规模文本数据的爆发性增长。这些文本数据包括网页内容、发表在社交媒体上的帖子、新闻等，为训练大语言模型提供了丰富的语言数据。

- 深度学习技术的突破：深度学习技术，尤其是基于 Transformer 架构的神经网络的发展，为构建大规模语言模型提供了更好的工具和框架。Transformer 模型的自注意力机制使得模型能够更好地捕捉文本中的长距离依赖关系。

- 此前的良好基础：此前的语言模型，如循环神经网络（RNN）和长短时记忆网络（LSTM），为大语言模型的发展奠定了基础。这些模型在自然语言处理领域已经取得了一些成就。

- 自监督学习：大语言模型通常使用自监督学习或半监督学习的方法进行训练。这些方法不依赖人工标记的数据，通过模型自身预测文本中的缺失部分进行学习，这使得模型可以在大规模未标记的文本上进行有效训练。

- 开放源代码社区：许多大语言模型的开发和研究工作是在开放源代码社区的支

持下进行的，这促进了模型的共享和迭代改进，也加速了大语言模型的发展。

- 商业应用需求：大语言模型在各种商业应用中具有潜在价值，如自动问答系统、智能助手、机器翻译、自然语言生成等。这些商业需求推动了大语言模型的研究和发展。

大语言模型的崛起代表了自然语言处理领域的一次重大技术飞跃。这些模型不仅引起了学术界的广泛关注，还在工业界和社会生活中产生了深远的影响，其发展趋势和应用前景备受期待。如图 1-2 所示，随着大模型按照摩尔定律不断发展，这些模型的规模和性能不断增长，远远超过了此前的预期。这种指数级增长意味着大语言模型可以处理更大规模的数据和更复杂的任务，为广泛的应用场景提供了无限的潜力。这一趋势的持续发展将继续推动自然语言处理领域的创新，并为各行各业带来更多机遇。

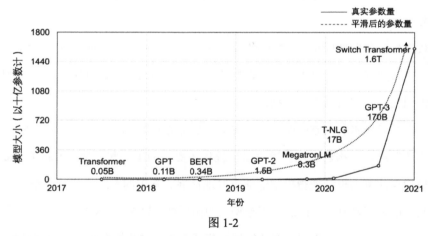

图 1-2

注：NLP 指自然语言处理，B 代表参数量的单位（1B 等于 10 亿）。

1.2 大语言模型的工作原理

在我们深入了解大语言模型的工作原理之前，让我们先了解一些基础概念和术语，以便顺利开展后面的学习。

分词

分词（Tokenization）的作用是把复杂问题转换为数字问题，即将文本的非结构化数据转换为结构化数据，以便计算机能够理解和处理它们。机器学习中绝大多数模型是不支持字符串的，想要模型顺利有效地学习，必须先将字符串数据数值化。这并不是直接将输入的句子或单词数值化，我们需要先将其切分成一个个有限的子单元，然后将这些子单元数值化，这些数值化后的子单元被称为 token。分词是将文本分割成这些 token 的过程，执行分词的算法模型被称为分词器（Tokenizer）。以 ChatGPT 的分词器[①]为例，将句子 I love large language model 通过分词器编码后，得到以下 token 序列：[40, 1842, 1588, 3303, 2746]，这里的每个单词都对应 token 中的一个 ID。读者需要注意，由于分词算法和训练语料不一样，不同的分词器可能得出不同的分词结果，例如，不一定一个英文单词对应一个 token ID，也可能一个单词需要由多个 token ID 表示，或者一个 token ID 表示多个单词。另外，分词器也可以将 token 序列解码，得到文本。

分词对于理解文本的结构和含义非常重要，因为它是计算机处理文本的起点。

Transformer 模型

我们已经了解了大语言模型的重要性以及它在自然语言处理领域的革命性作用。现在，让我们深入了解一下其中的核心技术——Transformer 模型，它是大语言模型取得巨大成功的关键。

要理解 Transformer 模型的作用，首先需要了解自然语言处理面临的挑战。自然语言是复杂的，有许多不同的单词、语法规则和文本结构，这些因素使得计算机理解和处理文本的过程非常复杂。

以一句话为例：猫坐在窗台上看外面的鸟。对于人类来说，这句话很容易理解。我们知道什么是猫、窗台、外面、鸟，以及它们之间的关系。但对于计算机来说，理

---

① https://platform.openai.com/tokenizer。

解这句话就不那么容易了。它需要识别每个单词的含义，理解它们之间的语法关系，甚至推断出猫在做什么。

Transformer 模型就是为了解决这些文本理解问题而设计的。它采用了一种先进的深度学习架构，旨在使计算机能够像人一样理解和处理自然语言文本。Transformer 模型具备以下特性。

- 自注意力机制：Transformer 模型的核心是自注意力机制。这就像模型的超级"注意力"，它可以同时关注文本中的多部分，而不仅仅是一个单词。这意味着模型可以捕捉单词之间的关系，就像我们可以一眼看到一句话中的多个词。

- 并行处理：Transformer 模型是高度并行化的，这意味着它可以同时处理文本中的多部分，而不需要像传统模型那样逐个处理单词。这使得它在处理大量文本数据时非常高效。

- 上下文理解：Transformer 模型能够理解文本的上下文，这意味着它可以更好地理解一个单词在文本中的含义是如何受到前后文的影响的。这对于处理复杂的文本任务非常重要。

- 强大的表示能力：Transformer 模型使用了分布式表示，它可以将单词表示成高维空间中的向量。这使得模型能够捕捉单词之间的语义关系，例如，"猫"和"狗"在向量空间中可能接近，因为它们都与"宠物"相关。

Transformer 模型的工作原理不是本书的重点，建议读者自行查阅相关资源学习，这里向没有相关基础的读者简单介绍一下 Transformer 模型的功能。Transformer 模型使计算机能够理解和处理自然语言文本，它的输入通常是一段文本，如一句话或一段文章。但计算机无法直接理解文本，所以我们需要将文本转换为计算机能够处理的 token 序列。该 token 序列被 Transformer 模型中的一些模块处理（包括词嵌入、位置编码、多头注意力机制等）后，得到了一种对输入文本的表示。接下来，通过 Transformer 解码器得到生成文本的 token 序列，再通过分词器解码将这种表示转换成输出文本。生成是一个逐词或逐 token 的过程，模型根据已生成的部分文本和输入文本的表示来预测下一个词或 token。这个过程一直进行，直到生成完整的输出文本。通过这些步骤，Transformer 模型能够接受文本输入，理解其中的语义和关系，然后生成符合任务需求的输出文本。希望这个简要的介绍有助于读者理解 Transformer 模型在输入和输出方面的细节。

Transformer 模型已经在各种自然语言处理任务中取得了令人瞩目的成就，包括文本翻译、情感分析、文本摘要、问答系统等。它不仅在性能上取得了巨大突破，还为开发者提供了更多的灵活性和可扩展性。

大语言模型训练流程

大语言模型的训练是一个复杂而耗时的过程，通常需要使用大规模的文本数据和强大的计算资源。本节简单介绍大语言模型的训练流程，以便读者更好地理解它们的工作原理。

- 数据收集与准备：训练大语言模型的第一步是数据的收集与准备。这通常涉及从互联网、书籍、文章和其他来源收集大量的文本数据。这些数据可以包括多种语言和主题，以确保模型具有广泛的语言知识。一旦数据收集完成，就需要对其进行清洗和预处理。这包括去除不必要的特殊字符、标点符号，将文本转换为小写，处理缩写词汇等。预处理的目标是让文本数据保持一致性，以便模型更好地学习。

- 分词与词汇表构建：对文本进行分词。分词是将文本分割成 token 的过程，通常以空格或标点符号作为分隔符，将文本转化为模型可以理解的一系列 token。然后，构建词汇（Vocabulary）表。词汇表是一个包含了模型需要关注的所有 token 的列表，通常按照 token 出现的频率降序排列。较常见的 token 会被列入词汇表，而不常见的 token 可能被舍弃。这有助于降低模型的复杂性和计算开销。

- 预训练（Pre-training）：预训练是大语言模型训练的重要阶段。在这个阶段，模型使用大规模的未标记文本数据来学习语言的基本结构、语法规则和语义知识，这通常是通过自监督学习或半监督学习来实现的。在预训练期间，模型被要求预测给定上下文的下一个 token，这个过程使模型能够捕获文本数据中的上下文信息，从而更好地理解语言。
- 微调（Fine-tuning）：在预训练完成后，模型通常需要进行微调以适应特定的任务或应用。微调是在包含任务特定数据的小型数据集上进行的，目标是提高模型在特定任务上的性能。微调包括对模型的架构进行微小的修改、调整超参数，以及训练模型以执行特定任务，例如文本分类、语言生成或情感分析等，如图 1-3 所示。

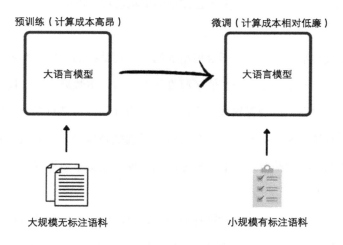

图 1-3

大语言模型的训练流程是一个复杂的过程，涉及数据收集、分词、预训练、微调等多个阶段。通过这个过程，大语言模型可以学习并理解自然语言，为各种自然语言处理任务提供强大的能力。

1.3　大语言模型的应用领域

大语言模型不仅在自然语言处理领域有广泛的应用，还对其他领域产生了潜在的影响。在这一节中，我们将对当前已经存在的应用、未来可能的应用以及这些应用对集成工具的需求等方面进行详细讨论。

现有应用

我们已经对大语言模型的基本功能有一定认识，如图 1-4 所示，大语言模型的基本功能主要包括文本生成、文本分类、文本聚类、文本重写、文本摘要、文本检索、文本提取。

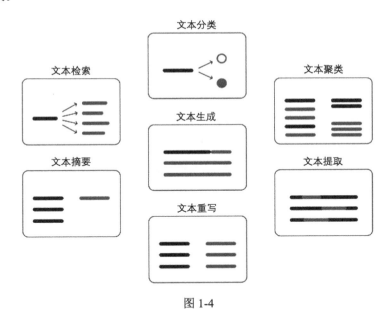

图 1-4

- 文本生成（Generate）：文本生成是一种自然语言处理任务，其目标是生成自然流畅的文本，可以用于多种应用，如自动写作、对话机器人、语音助手等。模型可以根据给定的输入或上下文生成连贯的文本。

- 文本分类（Classify）：文本分类是将文本分为不同类别的任务，通常用于垃圾邮件检测、情感分析、新闻分类等。模型从文本中提取特征，然后将其分配到预定义的类别中。

- 文本聚类（Cluster）：文本聚类是将文本数据划分成相似的组或簇的任务，不需要预先知道文本数据的类别。文本聚类在文本文档的无监督学习和信息组织中非常有用，例如新闻聚类、社交媒体话题挖掘等。

- 文本重写（Rewrite）：文本重写是将文本进行重新表达，以便改变其措辞、结构或风格。文本重写可以用于文章重写、自动摘要、翻译后编辑等任务，目的是生成具有相同或相似含义但不同形式的文本。

- 文本摘要（Summarize）：文本摘要是将长文本或文档进行提炼或将它们压缩成简洁的摘要的任务。文本摘要对于快速了解大量信息或自动生成文章摘要非常有用，例如新闻摘要、学术论文摘要等。

- 文本检索（Search）：文本检索是从大量文本数据中找到与查询（关键词或短语）相关的文本任务。文本检索用于搜索引擎、信息检索系统和文档检索，在前述任务中，模型需要确定文本的相关性以满足用户查询需求。

- 文本提取（Extract）：文本提取是从文本中抽取有意义的信息或结构，如实体识别、关键词提取、信息抽取等。这在信息提取、自动标注、数据预处理等方面非常有用。

大语言模型已经在多个领域取得了显著的成就，以下是一些现有的应用示例。

- 自然语言处理任务：大语言模型在 NLP 任务中表现突出，包括文本分类、情感分析、实体识别、机器翻译等。它们能够理解和生成自然语言文本，提高了 NLP 应用的性能。

- 智能助手和对话机器人：大语言模型被广泛用于构建智能助手和对话机器人，如 ChatGPT、Siri 和 Cortana。它们可以回答问题、提供建议，并进行自然对话。

- 自动摘要和内容生成：大语言模型可用于生成文章摘要、自动进行内容创作，以及生成具有连贯性和语法正确的文本。

- 搜索引擎优化：大语言模型可以帮助搜索引擎改进搜索结果的质量和相关性，以更好地满足用户需求。
- 医疗领域：大语言模型可以用于医学文本的分析，帮助医生诊断疾病、分析病例和提供治疗建议。
- 创意内容生成：大语言模型可以用于生成音乐、文学作品、电影剧本等创意内容，为创作者提供灵感。
- 编程助理：大语言模型可以用于代码生成、审核和自动化测试，帮助程序员提升工作效率。

未来可能的应用

随着大语言模型的不断发展，未来还有许多潜在的应用领域等待我们探索。

- 教育：大语言模型可以用于个性化教育，帮助学生更好地理解课程内容、回答问题，为学生提供定制的学习资源。
- 法律和合规：在法律领域，大语言模型可以用于自动生成合同、法律文件分析和法律研究。
- 金融分析：大语言模型可以用于分析金融新闻、市场趋势和投资建议，帮助投资者做出更明智的决策。
- 游戏开发：在游戏开发中，大语言模型可以用于创建逼真的游戏对话和剧情，提高游戏的互动性。

大语言模型集成工具的特点

大语言模型的应用在各个领域中都变得不可或缺，这些应用涵盖了自然语言处理、智能助手、内容生成、自动翻译、信息检索及社交媒体分析等众多领域。为了成功将大语言模型集成到这些应用中，我们需要有效的工具和技术。大语言模型集成工具的特点主要如下。

- 易于集成：集成工具必须提供简单而强大的方式，让开发人员可以轻松地将大语言模型集成到他们的应用程序和服务中。这意味着需要提供直观的 API（应用程序编程接口）和 SDK（软件开发工具包），以便开发人员可以迅速开始使用大语言模型。

- 支持多种语言：集成工具应该支持多种语言。这意味着模型必须能够处理不同语言的文本，并且工具必须支持多语言输入和输出。

- 高性能：集成工具要能处理大规模的文本数据并具备高性能。包括快速处理文本能力和低延迟，以确保应用的效率和用户体验。

- 模型管理：随着模型的不断更新和改进，集成工具必须提供模型管理功能。包括模型版本控制、自动部署和回滚机制，以便轻松管理模型的生命周期。

- 自定义能力：在一些特定领域或任务中，需要对模型进行微调或自定义。因此，集成工具应该提供灵活的方式来定制模型，以满足应用的特定需求。

- 安全性和隐私：在处理用户数据时，安全性和隐私是首要考虑因素。集成工具必须提供数据加密、访问控制和合规性监管等功能，以确保用户数据的安全性和隐私。

- 监控和性能优化：集成工具应该提供监控和性能优化功能，以帮助开发人员了解模型的性能情况并及时调整。包括性能指标报告、错误日志和性能分析等工具。

1.4　大语言模型面临的挑战和前景

大语言模型的崛起引发了广泛的关注和研究，大语言模型本身也面临着一系列挑战。本节将介绍大语言模型面临的挑战和前景。

大语言模型面临的挑战

虽然大语言模型在各个领域的应用前景广阔，但它们也面临着如下挑战。

- 计算资源需求：训练和推理大语言模型需要大量的计算资源，包括高性能的 GPU 和 TPU。许多组织和研究者无法轻易获得这些资源，限制了大语言模型的广泛应用。

- 数据隐私：大语言模型的训练通常依赖于大规模的文本数据，其中可能包含个人隐私和敏感信息。如何在大规模数据处理中保护数据隐私成为一个重要问题，涉及数据脱敏和加密等技术。

- 模型偏见：大语言模型可能从训练数据中学到偏见，导致在生成文本时产生不公平或歧视性内容。解决模型偏见问题是确保其社会可接受性的关键。

- 适应性不足：大语言模型在特定任务或领域中的性能可能不佳，需要额外进行微调或自定义。如何提高模型的适应性成为一个重要研究方向。

- 能源消耗：训练大语言模型所需的大量计算资源会导致高能源消耗，对环境造成负面影响，这让可持续性和绿色计算成为焦点。

大语言模型的前景

大语言模型的应用前景如下。

- 大语言模型已经在各种任务中展示了强大的潜力，根据特定的自然语言指令，可以解决现实世界中一些复杂的问题。ChatGPT 等模型已经改变了人们获取信息的方式，这一趋势将在未来继续发展。可以预见，大语言模型将对信息检索技术产生深远的影响，例如搜索引擎和推荐系统等领域。

- 智能信息助手的开发和使用将得到推动，大语言模型的技术升级将为其提供更多可能性。这将促使更多面向智能助手的应用程序和服务出现，从而改变人机交互方式，提高工作效率和便捷性。

在更广泛的范围内，大语言模型的崛起将带动整个生态的发展，推动大语言模型驱动的应用程序研发与创新，例如，ChatGPT 等模型可能支持插件，从而为用户提供更加多样化和个性化的体验。

- 随着大语言模型的不断发展，我们向通用人工智能（Artificial General Intelligence，AGI）迈进了一大步。大语言模型在处理自然语言和复杂任务上的能力卓越，这为未来的智能系统发展提供了更多可能性。我们可以期待更智能、支持更多模态的系统出现，这些系统将超越以往的智能范围。

- 值得注意的是，随着技术的不断发展，AI 安全性必须成为首要关注的问题。我们需要确保 AI 对人类产生积极的影响，而不是负面影响。这需要在大语言模型的开发和应用过程中积极探讨和采取安全措施。

总之，大语言模型的前景令人兴奋，它们将继续推动技术和应用的发展，同时引发对 AI 伦理、隐私和安全性等重要问题的广泛讨论。对这一领域的不断创新和探索将塑造未来 AI 的面貌，也为我们带来更多的机会。

1.5 小结

大语言模型是当今人工智能领域取得的杰出成就，它们正在不断改变我们与自然语言互动的方式，为未来的技术和应用带来了无限可能。尽管面临一些挑战，大语言模型的前景仍然令人兴奋，我们可以期待它们在更多领域的出色表现。

第 2 章

LangChain 简介

第 1 章介绍了大语言模型在集成框架的支持下如何更便捷地开发应用。本章将介绍本书的核心主题——大语言模型集成框架 LangChain。首先探讨 LangChain 的定义、功能等，帮助读者对其进行全面了解；接着提供一个详细的运行环境配置指南，其中包括设置 LangChain 所需的 Python 环境，以及访问 LangChain 默认集成的 OpenAI 大语言模型的方法；最后展示如何使用 LangChain 完成一些简单的任务，以便读者可以亲自体验其强大功能。

本章是学习 LangChain 的基础，我们鼓励读者仔细阅读，并完成环境配置和简单任务验证。这将有助于读者更好地理解后续章节中的更详细和复杂的内容。

2.1 初识 LangChain

LangChain 于 2022 年 10 月以开源项目的形式首次亮相，并立即引起了广泛的关注和讨论。GitHub 上涌现出数百名热心贡献者，Twitter 上掀起了热烈的讨论，而项目所在的 Discord 服务器也一度成为热闹的"交流中心"。此外，许多博主也在 YouTube 视频网站发布了关于 LangChain 的教程，进一步扩大了其知名度。

2023 年 4 月，LangChain 公司正式成立，这标志着 LangChain 走上了商业化和持续发展的道路。在公司成立后不久，LangChain 宣布获得了 Benchmark 领投的 1000 万美元的种子投资，并在一周后从风险投资公司 Sequoia Capital 筹集了超过 2 亿美元的资金，估值至少达到 2 亿美元。这个过程标志着 LangChain 成为了一个备受投资者和技术社区欢迎的前沿项目。

读者可能好奇 LangChain 究竟是如何实现这一飞跃的。在接下来的章节中，我们将深入探讨 LangChain 的关键概念、核心功能以及它如何为开发人员提供一个强大的工具，用于构建基于大语言模型的应用程序。无论您是刚开始探索 LangChain，还是想更深入地了解它的工作原理，接下来的内容都将为您提供详细的信息。

LangChain 是什么

LangChain 是用于开发以大语言模型为核心的应用程序的框架。它提供了丰富的工具和抽象概念，使开发人员能够轻松构建与自然语言处理相关的应用程序。

LangChain 的核心概念包括大语言模型的连接性和主动性。通过连接到其他数据源，LangChain 可以使应用程序具备对数据的感知能力。同时，LangChain 允许大语言模型与其环境进行交互，灵活性和自主性高。

如图 2-1 所示，LangChain 是一个强大的大语言模型集成框架，它充当了将大语言模型与各种数据源和应用程序无缝连接的关键纽带。

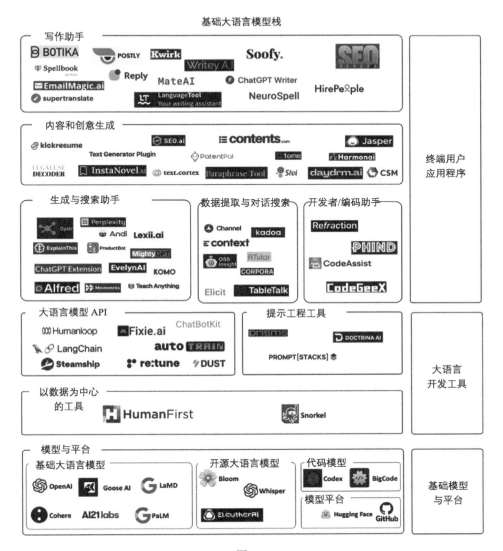

图 2-1

为什么要用 LangChain

　　LangChain 的价值在于它的模块化和易用性。它提供了一系列组件，这些组件既可以独立使用，也可以与 LangChain 框架的其他部分集成。这意味着开发人员可以根据自己的需求选择性地使用 LangChain 的功能，而不必被束缚在一个特定的应用程序模型中。

此外，LangChain 提供了现成的链条和组件，用于执行常见的高级任务，这使得入门变得非常容易。对于需要更复杂的应用程序和特定用例的开发人员，LangChain 的组件也提供了定制现有链条或构建新链条的便捷方式。

LangChain 现有功能

LangChain 提供了一系列标准模块，这些模块涵盖模型输入/输出、数据检索、链条构建、代理选择、状态管理和日志记录等内容，可以根据开发人员的需求进行扩展，并与外部集成，以构建功能强大的大语言模型驱动应用程序。

LangChain 还提供了丰富的示例、生态系统资源及社区支持，为开发人员提供广泛的帮助和支持。它旨在使开发人员能够更轻松地构建智能应用程序，借助先进的大语言模型技术解决现实世界的问题。

2.2　环境安装

LangChain 目前主要支持 Python 和 JavaScript 两种编程语言。在本书中，我们重点介绍如何使用 Python 调用 LangChain，因为 Python 在人工智能和自然语言处理领域的应用非常广泛。本节将向读者详细介绍 LangChain 的安装方法，为了方便读者复现本书中的示例，我们提供了一个基于 Conda 环境的配置指南，该环境与笔者写作本书时使用的环境相匹配。

考虑到 LangChain 中的大多数示例基于 OpenAI 的 GPT 系列模型，我们还会介绍如何获取和配置 OpenAI 的 API，以及如何在 LangChain 中正确地使用这些模型。

本书推荐运行环境

由于在 Linux 操作系统上安装 Conda、Python、LangChain 等库非常方便，因此我们强烈建议读者在 Linux 操作系统中运行本书中的代码示例。例如，笔者使用的是 Ubuntu 20.04 系统。

理论上，Windows 操作系统也可以运行本书中的所有代码。本书中的示例主要调用了 OpenAI 的 GPT 系列模型，通过 API 方式连接远程服务器上的大语言模型，这意味着对于本地环境的兼容性要求并不是特别高。有经验的读者可以根据自己的喜好选择合适的操作系统。

然而，考虑到可能涉及本地模型部署等需求，需要安装 CUDA、CuDNN 等库，在 Linux 操作系统上配置一个适合运行大语言模型的环境，稳定性和兼容性通常会更好，因此，我们仍然建议读者尽量使用 Linux 操作系统。这将有助于您成功运行本书中的代码，并更轻松地满足后续本地部署模型等更高阶的应用开发需求。

部署 LangChain 的 Python 运行环境

这里提供了 pip 和 Conda 两种安装方式，**强烈建议读者优先选择 Conda**，因为它提供了更加一致和可控的环境。Conda 是用于包管理和环境管理的开源工具，主要用于科学计算、数据分析和机器学习等领域。它是 Anaconda 发行版的一部分，但也可以单独安装和使用。通过 Conda 可以轻松地创建一个虚拟环境，其中包含了本书介绍的所有库，可以确保读者的运行环境与笔者一致。这种一致性非常重要，因为不同的库版本可能导致代码在运行时不兼容性，从而引发错误或异常。

1. pip 安装方式

如果单独安装 LangChain 库，那么可以在 Linux 终端中输入命令行。

```
pip install langchain==0.0.268
pip install openai
```

需要注意的是，这是安装 LangChain 的最基本要求，如果需要安装 LangChain

所包含的各种库，则需要执行以下命令。

```
pip install langchain[all]==0.0.268
# 如果在 Linux 中使用 zsh 则运行: pip install "langchain[all]==0.0.268"
```

在本书的编写过程中，我们始终选择 0.0.268 版本的 LangChain，以确保读者能够成功复现书中的案例。如果您想使用更新的 LangChain 版本，那么可以运行以下命令来升级。

```
pip install langchain --upgrade
```

请注意，升级 LangChain 版本可能导致与本书中代码的兼容性问题，因此建议谨慎操作。

此外，建议读者按照 Conda 安装方式配置环境，以便快速完成本书中代码库的安装和配置，并顺利完成练习。

2. Conda 安装方式

Conda 是一个功能强大的包管理和环境管理工具，以下是在 Linux 操作系统上安装 Conda 的步骤。

（1）下载并安装 Miniconda。创建一个目录用于安装 Miniconda，下载最新的 Miniconda 安装脚本，在终端运行以下命令。

```
mkdir -p ~/miniconda3
wget
https://repo.anaconda.com/miniconda/Miniconda3-latest-Linux-x86_64.sh -O
~/miniconda3/miniconda.sh
bash ~/miniconda3/miniconda.sh -b -u -p ~/miniconda3
rm -rf ~/miniconda3/miniconda.sh
```

这将在 ~/miniconda3 目录下安装 Miniconda。

（2）激活 Conda 环境。安装完成后，通过以下方式激活 Conda 环境。

```
source ~/miniconda3/bin/activate
```

这将激活默认的 Conda 环境，用户可以在其中安装和管理软件包。

（3）基于 Conda 安装 LangChain。一旦成功地激活了 Conda 环境，就可以轻松地安装 LangChain。我们提供了一个名为 langchain.yml 的 Conda 环境配置文件，它位于本书配套代码库的根目录下①。以下是安装 LangChain 的命令。

```
conda env create -f langchain.yml # 直接在本书配套代码库根目录中运行该命令
```

这将使用 langchain.yml 文件中指定的库函数版本创建一个专用的 Conda 环境，以满足 LangChain 和其他相关库的要求。

（4）激活 LangChain Conda 环境。

```
source ~/miniconda3/bin/activate langchain
```

现在，环境已经准备就绪，可以运行 LangChain 并执行本书中的示例代码。

以上步骤将确保读者拥有一个干净的、包含所有必要库函数的 Conda 环境，以便无缝地学习和运行本书中的示例代码。Conda 确保了库的版本兼容性，因此读者可以专注于学习和实验，而不必担心依赖问题。

OpenAI API 秘钥获取及环境变量配置

LangChain 是一个集成大语言模型的框架，它的许多集成示例都是基于 OpenAI 提供的大语言模型 API 实现的。OpenAI 的 API 已按照 token 使用量的计费形式面向用户开放，用户需要通过设置 OpenAI API 秘钥的方式实现 API 调用，OpenAI API 秘钥可以在官网申请得到②。需要注意的是，如果读者在申请 OpenAI 账户时遇到困难，建议查阅相关资料以获取帮助，也可以在本书配套代码库中提出问题，我们将竭诚提供支持。

如图 2-2 所示，在获取了一个格式为 sk-xxx 的 API 秘钥之后，就能基于 API 的形式调用 OpenAI 的一系列模型③，例如 GPT-3.5、GPT-3 等。

---

① 本书配套代码库位于 https://github.com/kebijuelun/langchain_book。
② OpenAI API 官网：https://platform.openai.com/account/api-keys。
③ OpenAI 支持的模型：https://platform.openai.com/docs/models/overview。

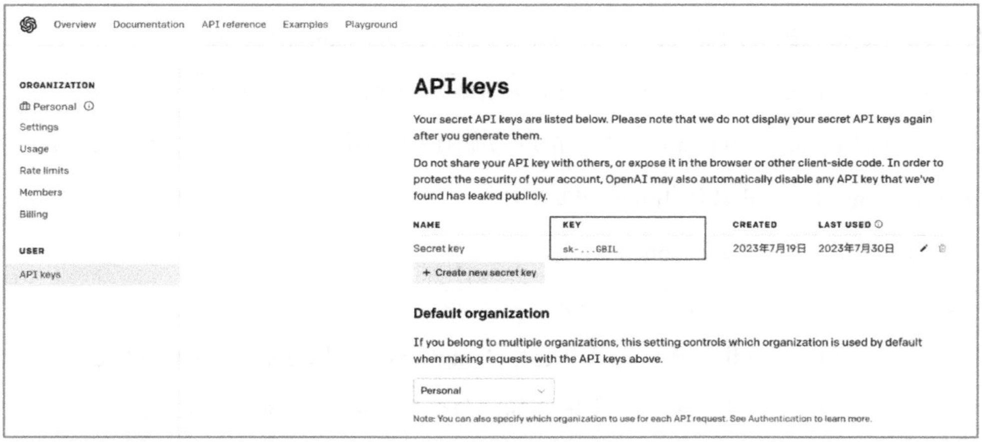

图 2-2

在获得 API 密钥后，可以通过设置环境变量的方式来调用 OpenAI 模型。读者可以在终端中设置环境变量，例如，export OPENAI_API_KEY="sk-xxx"。设置完环境变量，可以使用以下 Python 脚本来验证是否能够成功调用 OpenAI 模型。

```python
import os
import openai

# 从环境变量或秘密管理服务中加载您的 API 密钥
openai.api_key = os.getenv("OPENAI_API_KEY")

# 创建一个聊天完成请求
chat_completion = openai.ChatCompletion.create(
    model="gpt-3.5-turbo",  # 使用特定的 GPT-3.5 Turbo 模型
    messages=[{"role": "user", "content": "Hello world"}]  # 用户的消息
)

# 输出模型的回复消息
print(chat_completion["choices"][0]["message"]["content"])
# -> Hello! How can I assist you today?
```

此时，已经能成功调用 OpenAI 模型，本书中的大多数示例使用了 OpenAI 模型。如果没有特殊说明，那么在示例运行之前都需要在终端设置 OpenAI API 秘钥的环境变量。

Hugging Face API 秘钥获取及环境变量配置

Hugging Face 是大语言模型领域中最著名的开源社区之一，以强大的模型生态系统和友好的用户接口闻名于世。在 Hugging Face 社区，用户可以轻松地访问和使用各种开源模型，应对从文本生成到自然语言处理的各种任务。对于想要使用 Hugging Face 模型的用户，获取 API 是一个关键的步骤。以下是对获取 Hugging Face API 密钥方法的简单介绍。

创建一个 Hugging Face 账号并登录，登录后点击个人信息页面，就可以找到 API 密钥的相关信息[①]，如图 2-3 所示。

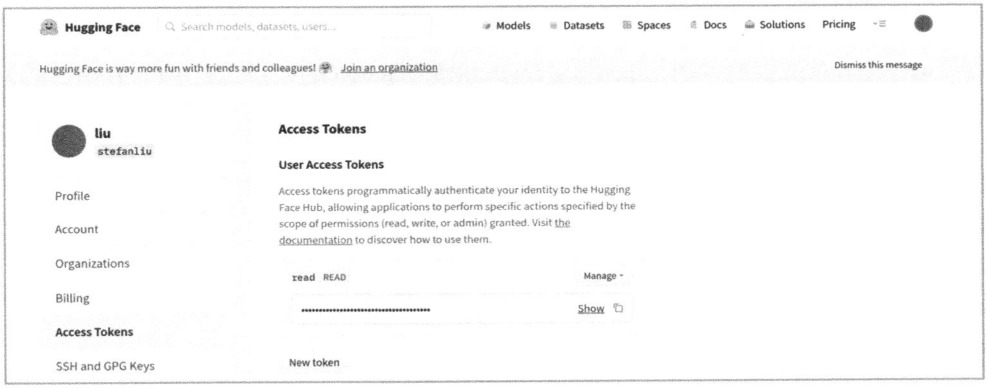

图 2-3

一旦获得了 API 密钥，就可以轻松地使用它来访问和调用 Hugging Face 社区中的各种模型。在下面的代码示例中，我们展示了如何设置 Hugging Face Hub 的 API Token，并使用它来调用指定模型。在这个示例中，我们使用了名为 "google/flan-t5-xxl" 的模型，但读者可以根据需要在 Hugging Face 模型库中选择其他模型。

```
import os
from langchain import HuggingFaceHub

# 设置 Hugging Face Hub 的 API Token（请替换为您自己的 API Token）
os.environ["HUGGINGFACEHUB_API_TOKEN"] = "hf_xxx"
```

---

① https://huggingface.co/settings/tokens。

```
# 指定要使用的 Hugging Face 模型库中的模型（请根据您的需求替换为其他模型）
repo_id = "google/flan-t5-xxl"  # 可以查看
#https://huggingface.co/models?pipeline_tag=text-generation&sort=downloa
ds
#以获取其他选项

# 创建 HuggingFaceHub 对象，设置模型的一些参数（例如温度和生成的最大长度）
llm = HuggingFaceHub(
    repo_id=repo_id, model_kwargs={"temperature": 0.5, "max_length": 64}
)

# 调用模型并生成结果
result = llm("1+1=")
print(result)
# -> 2
```

请注意，示例中的 API Token（os.environ["HUGGINGFACEHUB_API_TOKEN"]）需要替换为读者自己的有效 Token，以便进行有效的调用。同时，读者可以根据具体的应用场景和需求更改模型参数，以满足特定任务要求。Hugging Face 提供了丰富的资源，无论是文本生成、问答，还是其他自然语言处理任务，都有很多选择。

2.3　小结

本章介绍了 LangChain 的定义和功能，并提供了运行环境配置指南，以确保读者能够顺利使用 LangChain，并访问默认集成的 OpenAI ChatGPT API。同时，通过展示如何使用 LangChain 执行简单任务来帮助读者亲身体验其强大功能。

第 3 章

模型调用

本章将详细介绍如何基于 LangChain 接入不同类型的语言模型。LangChain 支持的语言模型有三种：第一种是大语言模型，该类模型的输入输出均为文本；第二种是对话模型，对话模型一般是基于大语言模型实现的，输入是一组聊天信息，输出是一个回复；第三种是文本嵌入模型，该类模型的输入为文本信息，输出为嵌入后的浮点数列表。

3.1 大语言模型调用

大语言模型是 LangChain 的重要组成部分。LangChain 不是大语言模型的提供者，它提供可以接入各种大语言模型并进行交互的标准接口。

OpenAI 模型调用

OpenAI 的语言模型从 GPT-3 之后就主要以远程 API 方式进行调用，LangChain 通过封装一个 OpenAI 的类来支持基于模型名称对不同模型进行调用。最简单的 OpenAI 模型的调用方法包括导入 OpenAI 模型类、实例化模型和模型预测三个步骤，实现代码如下。

```python
# 导入 OpenAI 模型类
from langchain.llms import OpenAI

# 实例化模型
llm = OpenAI(model_name="text-ada-001", max_tokens=128)

# 模型预测
answer = llm("Tell me a joke")
print("answer: {}".format(answer))
# -> answer: Why did the chicken cross the road? To get to the other side!
```

可以看到，上述代码中调用的模型为 text-ada-001，text-ada-001 能够执行非常简单的任务，是 GPT-3 系列中运行速度最快、成本最低的模型。如果需要使用 GPT-3 系列中最强大的模型，那么可以将模型的型号 model_name 更换为 davinci。另外，对于 GPT-3.5 系列的最强大模型可以使用 text-davinci-003，LangChain 支持的所有模型型号可以参考 OpenAI 的官方文档[①]。

调用 OpenAI 模型的输入参数支持用户自定义设置，例如，示例中的 max_tokens 代表模型生成文本的最大的 token 数量，提示的 token 数量加上 max_tokens 不能超过模型的上下文长度 （context length），大语言模型通常有固定的上下文长度限制，大多数模型的上下文长度为 2048 个 token，一些新模型支持的上下文长度会更大，更多用户自定义参数设置可以参考 OpenAI completion API[②]。

LangChain 的模型调用类还额外提供了 generate 方法用于获取更详细的模型输出结果，也支持一次性预测多个文本。generate 方法的代码示例如下。

```python
# 基于 generate 方法的模型预测
texts = ["Tell me a joke", "Tell me a poem"]
llm_result = llm.generate(texts)

# "Tell me a joke" 的模型预测结果
print("Tell me a joke: ", llm_result.generations[0])
# -> Tell me a joke: [Generation(text='\n\nWhy did the chicken cross the
```

---

① OpenAI 模型系列：https://platform.openai.com/docs/models。

② https://platform.openai.com/docs/api-reference/completions/create。

```
road?\n\nTo get to the other side!', generation_info={'finish_reason':
'stop', 'logprobs': None})]

# "Tell me a poem" 的模型预测结果
print("Tell me a poem: ", llm_result.generations[1])
# -> Tell me a poem: [Generation(text="\n\nThe world is a beautiful
place,\nThe colors are so bright and true,\nAnd I feel so free and free,\nWhen
I'm away from here.\n\nThe sky is so blue,\nAnd the sun is so warm,\nAnd I
feel so free and free,\nWhen I'm away from here.",
generation_info={'finish_reason': None, 'logprobs': None})]
```

　　OpenAI 目前的 API 调用收费方式是对用户的 token 使用量进行统计，为了方便用户了解 OpenAI API 调用的 token 量，generate 函数的返回值中也包含了 token 使用量的统计结果，获取方式如下。

```
# token 使用情况统计
print("token 使用统计: \n", llm_result.llm_output)
# -> Token 使用统计: {'token_usage': {'prompt_tokens': 8, 'completion_tokens':
87, 'total_tokens': 95}, 'model_name': 'text-ada-001'}
```

　　返回结果中的 prompt_tokens 为输入文本的 token 数量，completion_tokens 为大语言模型输出文本的 token 数量，total_tokens 是输入文本的 token 数量与模型输出文本的 token 数量之和。

　　在某些场景下，如果用户希望在调用 generate 函数前对输入文本的 token 数量进行估计，那么可以调用 OpenAI 提供的 Tokenizer 工具 tiktoken OpenAI tiktoken[①]，使用方式如下。

```
# 输入 token 预估使用量
print(f"\"{texts[0]}\" 使用 token 数量为:", llm.get_num_tokens(texts[0]))
# -> "Tell me a joke" 使用 token 数量为: 4
print(f"\"{texts[1]}\" 使用 token 数量为:", llm.get_num_tokens(texts[1]))
# -> "Tell me a poem" 使用 token 数量为: 4
```

　　可以看到，这里两个输入文本的 token 数量之和是 8，与 generate 函数返回的输入文本使用量 prompt_tokens 一致。

---

① https://github.com/openai/tiktoken。

Hugging Face 模型调用

Hugging Face 是一个极具开源特性的 AI 社区，包含丰富的视觉语言模型权重、数据集，其开发的 transformers 库支持对模型训练测试的流程进行标准化调用，使得训练或者测试大语言模型的代码得到简化。基于其开发的 Hugging Face Hub 库可以免费调用多种大语言模型，LangChain 对于 Hugging Face Hub 做了进一步封装，本节将对其使用方式进行介绍。

基于 LangChain 调用 Hugging Face 的流程与基于 LangChain 调用 OpenAI 模型的流程类似，包含导入 LangChain 封装的 HuggingFaceHub 库、定义大语言模型、定义输入提示模板和基于语言模型获取输出文本 4 个步骤。代码示例如下。

```python
# 导入 LangChain 封装的 HuggingFaceHub 库
from langchain import HuggingFaceHub
from langchain import PromptTemplate, LLMChain

# 定义大语言模型
repo_id = "google/flan-t5-xl"
# huggingface 上的 repo id, 一般以模型名称命名, 在
# https://huggingface.co/models?pipeline_tag=text-generation&sort=downloads
# 中可以查看更多的模型选项
llm = HuggingFaceHub(repo_id=repo_id, model_kwargs={"temperature":0,
"max_length":64})

# 定义输入提示模板
template = """Question: {question}

Answer: Let's think step by step."""
prompt = PromptTemplate(template=template, input_variables=["question"])

# 基于大语言模型获取输出文本
llm_chain = LLMChain(prompt=prompt, llm=llm)
question = "Who won the FIFA World Cup in the year 1994? "
print(llm_chain.run(question))
# -> The FIFA World Cup is a football tournament that is played every 4 years.
The year 1994 was the 44th FIFA World Cup. The final answer: Brazil.
```

虚假模型调用

　　LangChain 中封装了一个虚假的大语言模型类，可以模拟调用大语言模型，以及大语言模型以某种方式响应的过程。通过调用虚假模型，可以快速对其他模块进行测试。其使用方式包括 4 个步骤：导入 LanChain 封装的 FakeListLLM 库、定义虚假模型的文本输出、定义虚假模型、调用虚假模型。以下是一个简单示例的代码展示。

```
# 导入 LangChain 封装的 FakeListLLM 库
from langchain.llms.fake import FakeListLLM

# 定义虚假模型的文本输出
responses = [
    "test1",
    "test2",
]

# 定义虚假模型
llm = FakeListLLM(responses=responses)

# 调用虚假模型，此时模型返回值就是 responses 中定义的文本输出，与模型函数输入无关
print(llm(""))
# -> test1
print(llm(""))
# -> test2
```

　　在上述代码中预先定义好虚假模型的文本输出，在调用虚假模型时，会按照预先设定好的文本进行输出，模拟了大语言模型的调用过程，可以方便快速地对其他模块进行调试和测试。

自定义模型包装器

　　如果需要使用自己的大语言模型，或者使用方式不同于 LangChain 中已支持的包装器，那么 LangChain 也支持用户创建自定义模型。自定义模型中必须实现的是一个 _call 函数，它的输入是一个字符串和可选的停用词，返回是一个字符串。另外可选进行实现的是 _identifying_params 函数，用于帮助输出此类参数。如下是一个非常简单的自定义模型的示例，实现的功能是返回输入文本的前 n 个字符。

```
from langchain.llms.base import LLM
from typing import Optional, List, Mapping, Any

# 定义 CustomLLM 类，继承 LLM 类
class CustomLLM(LLM):

    n: int

    @property
    def _llm_type(self) -> str:
        return "custom"

  # 此处定义的 CustomLLM 类实现的功能是，对于输入的 prompt 文本，输出 prompt 文本的前
  # n 个字符
    def _call(self, prompt: str, stop: Optional[List[str]] = None) -> str:
        if stop is not None:
            raise ValueError("stop kwargs are not permitted.")
        return prompt[:self.n]

    @property
    def _identifying_params(self) -> Mapping[str, Any]:
        """Get the identifying parameters."""
        return {"n": self.n}

# 创建 CustomLLM 类的实例，得到自定义模型
llm = CustomLLM(n=10)

# 调用自定义模型
print(llm("This is a foobar thing"))
# -> 'This is a '
```

上述代码通过在 CustomLLM 类中定义 _call 函数，可以实现调用自定义语言模型后，输出 prompt 文本的前 n 个字符。

3.2　对话模型调用

对话模型（Chat Models）是大语言模型的一个重要变体。尽管对话模型在内部使用了大语言模型，但它们所提供的接口不同，与大语言模型暴露"输入文本，输出文本"的调用方式不同，对话模型提供了一个以"对话消息"作为输入和输出的接口。

以 OpenAI 的各种模型为例，ChatGPT 是在大语言模型 GPT-3 上进一步开发得到的对话模型，能够生成连贯、流畅的对话。ChatGPT 在提供对话接口的同时，还能根据上下文理解并回复多个连续的对话消息，使用户得到更自然、交互式的对话体验。目前能够基于对话模型完成的任务如下。

- 起草电子邮件或其他文字内容。
- 编写 Python 代码。
- 回答关于一组文件的问题。
- 创建对话代理人。
- 在多个学科领域提供辅导。
- 翻译。
- 为视频游戏模拟角色。

本节将深入介绍基于 LangChain 的对话模型调用方式。

消息类型定义

对话模型涉及与人类的交互，为了方便区分和记录交互过程中文本信息的来源，LangChain 定义了一些消息类型用于管理文本，对话模型的输入和响应都将是消息而不是纯文本。目前 LangChain 支持的消息类型有 AIMessage、HumanMessage、SystemMessage 和 ChatMessage。

- AIMessage：模型的输出消息，可以用于保存模型之前的输出信息从而实现多轮对话。AIMessage 可以由开发人员编写，以便提供所需行为的示例。
- HumanMessage：人类的指令消息。
- SystemMessage：用于设定对话系统功能的消息、约束和引导对话系统的行为。
- ChatMessage：对话消息，可以接受任意角色参数，在大多数情况下使用 AIMessage、HumanMessage、SystemMessage 就足够了。

OpenAI 对话模型调用

基于 LangChain 调用 OpenAI 模型的步骤包括：导入 OpenAI 对话模型、导入消息类型、定义 OpenAI 对话模型和给定人类指令信息调用模型。OpenAI 对话模型的简单调用示例如下。

```python
# 导入 OpenAI 对话模型类
from langchain.chat_models import ChatOpenAI

# 导入消息类型
from langchain.schema import (
    HumanMessage,
    SystemMessage
)

# 定义 OpenAI 对话模型
chat = ChatOpenAI(temperature=0)

# 给定人类指令消息，调用 OpenAI 对话模型获取对话模型输出
result = chat([HumanMessage(content="Translate this sentence from English
to Chinese. I love programming.")])
print(result.content)
# -> 我喜欢编程。
```

可以看到，在该示例中给 OpenAI 对话模型传递的消息类型只有 HumanMessage，在这种情况下需要在 HumanMessage 中指定对话模型的功能，以及期望让对话模型响应的指令。上面的示例指定对话模型的功能是将英文翻译为中文，需要翻译的话为"I love programming."。

在上面的示例中，HumanMessage 包含了两个信息：对话模型的功能设定、人类输入指令。在某些应用中，需要确保对话模型的功能设定被激活，也即设定为英译中的模型就应该稳定执行英译中的任务，而不应该进行其他无关的响应。OpenAI 对以上需求的实现方式是增加对话模型的功能设定部分文本的权重，这需要将对话模型功能设定的文本单独通过一个消息类型进行表示，也就是 SystemMessage，一个简单的调用示例如下。

```
messages = [
    SystemMessage(content="You are a helpful assistant that translates
English to Chinese."),
    HumanMessage(content="I love programming.")
]
result = chat(messages)
print(result.content)
# -> 我喜欢编程
```

这里将对话模型的功能设定写到了 SystemMessage 中，需要注意的是，对 SystemMessage 分配更多的注意力并不是所有模型都能实现的，这个接口是 OpenAI 为了之后能实现该功能的模型预留的，当前较为常用的 GPT-3.5-Turbo-0301 并不能实现该功能，但是 OpenAI 之后的模型可能在训练时就为 SystemMessage 分配更多的注意力，从而约束模型的行为满足功能设定[①]

SystemMessage 还可以用来对对话模型输出文本的格式进行设置，如果希望在对话模型输出的文本前增加一个固定的任务描述词，那么可以参考以下实现方式。

```
messages = [
    SystemMessage(content="You are a helpful assistant that translates
English to Chinese, and you will add a \"中文翻译结果: \" before each reply
text."),
    HumanMessage(content="I love programming.")
]
result = chat(messages)
print(result.content)
# -> 中文翻译结果: 我喜欢编程
```

以上通过在 SystemMessage 中增加对输出格式的描述实现了在每个翻译文本之前增加一个固定的任务描述词"中文翻译结果:"。

对于用于文本续写的大语言模型，对话模型也可以对文本输入进行批量处理，调用方式如下。

```
batch_messages = [
    [
        SystemMessage(content="You are a helpful assistant that translates
English to Chinese."),
```

---

① OpenAI 对话模型调用介绍：https://platform.openai.com/docs/guides/chat/introduction。

```
      HumanMessage(content="I love programming.")
   ],
   [
      SystemMessage(content="You are a helpful assistant that translates
English to Chinese."),
      HumanMessage(content="I love artificial intelligence.")
   ],
]
result = chat.generate(batch_messages)
print(result.generations)
# -> [[ChatGeneration(text='我喜欢编程。', generation_info=None,
message=AIMessage(content='我喜欢编程。', additional_kwargs={}))],
[ChatGeneration(text='我喜欢人工智能。', generation_info=None,
message=AIMessage(content='我喜欢人工智能。', additional_kwargs={}))]]
print(result.llm_output)
# -> {'token_usage': {'prompt_tokens': 57, 'completion_tokens': 19,
'total_tokens': 76}, 'model_name': 'gpt-3.5-turbo'}
```

这里需要注意的是，llm_output 中包含对该次对话模型调用的 token 数量统计，这里的 token 数量包含该批次中所有的输入消息及对话模型返回的消息。

对话模型与问答模型最大的不同在于对话模型可以对历史对话进行记忆，基于历史对话提示与约束每轮对话的回复内容。对话模型实现多轮对话的方式一般是将历史对话信息输入模型，即给模型的输入是交织 AIMessage、HumanMessage、SystemMessage 的历史对话信息与当前对话的人类输入，使用示例如下。

```
messages = [
    SystemMessage(content="你是一个乐于助人的人工智能助手。"),
    HumanMessage(content="哪个国家赢得了 2018 年世界杯冠军?"),
    AIMessage(content="2018 年世界杯冠军是法国。"),
    HumanMessage(content="比赛是在哪个国家举办的?")
]
result = chat(messages)
print(result.content)
# -> 2018 年世界杯比赛是在俄罗斯举办的。
```

从这个示例中可以看到，通常输入给模型的第一条消息是用于设置对话模型功能的 HumanMessage，随后输入交织的 HumanMessage 和 AIMessage 用来记录历史对话，最后输入的是当前轮次的人类输入文本。当用户指令参考之前的消息时，历史记录会有所帮助，例如这里当前轮的对话询问比赛是在哪个国家举办的，这就需要对话

模型通过历史记录来推断具体是什么比赛。值得注意的是，这里交织的
HumanMessage 和 AIMessage 也可以由开发人员编写，以帮助给出所需行为的示例。

Anthropic 对话模型调用

除 OpenAI 外，另一个开发出优秀对话模型的公司是 Anthropic，它是由 OpenAI
前员工创立的，该公司研发的 Claude 被认为是 ChatGPT 最有力的竞争对手之一。
与调用 OpenAI 模型类似，调用 Anthropic 模型时需要先在官网注册得到 API 秘
钥①，然后将秘钥添加到环境变量中，添加环境变量的方式如下。

```
# 终端配置 ANTHROPIC_API_KEY 环境变量
export ANTHROPIC_API_KEY="<API_KEY_OF_ANTHROPIC>"
```

基于 LangChain 集成的 Anthropic 对话模型调用方式基本与 OpenAI 一致，调
用示例如下。

```
# 导入 Anthropic 对话模型类
from langchain.chat_models import ChatAnthropic
# 导入消息类型
from langchain.schema import HumanMessage

# 定义 Anthropic 对话模型
chat = ChatAnthropic()

# 给定人类指令消息，调用 Anthropic 对话模型获取对话模型输出
messages = [
    HumanMessage(content="Translate this sentence from English to French.
I love programming.")
]
result = chat(messages)
print(result.content)
# -> J'aime programmer.
```

---

① Anthropic 模型调用 API 文档：https://console.anthropic.com/docs/api。

3.3 文本嵌入模型调用

文本嵌入是大语言模型的一个重要应用，用于将文本转换为基于数值的向量表示，以便实现高效检索等应用。文本嵌入模型通过学习语义信息，将单词、短语或整个文档映射到一个连续的向量空间中。这种表示方式能够捕捉文本的语义相似性，使得在嵌入空间中的距离和角度等几何关系能够反映出语义上的相似性和关联性。Langchain 支持 OpenAI、Hugging Face 等多种来源的文本嵌入模型，并提供标准的统一调用接口。

文本嵌入介绍

文本嵌入是一种将文本数据映射到向量空间的技术。文本嵌入可以捕捉文本的语义和语法特征，将其表示为数值向量，以便计算机更好地理解和处理文本数据。在自然语言处理领域，文本嵌入是一种被广泛应用的技术，它为文本分类、信息检索、信息聚类、异常检测、情感分析、机器翻译等任务提供了基础。通过将文本转换为连续的向量表示，文本嵌入可以在向量空间中测量文本之间的相似性和距离，从而支持各种与文本相关的任务。

文本嵌入可以使用不同的方法来生成文本的向量表示。以下是一些常见的文本嵌入技术。

- 独热编码（One-Hot Encoding）：将每个单词都表示为一个独立的向量，其中只有一个元素为 1，其他元素为 0。这种方法简单直观，但无法捕捉单词之间的语义关系。

- 词袋模型（Bag-of-Words）：将文本表示为一个词汇表的向量，其中每个元素都表示对应词汇在文本中出现的频率。这种方法忽略了单词的顺序和上下文信息。

- Word2vec：通过训练神经网络模型，将单词表示为密集向量。Word2vec 考虑了单词的上下文信息，使得具有相似语义的单词在向量空间中更接近。

- GloVe：全称为 Global Vectors for Word Representation，利用全局统计信息和局部上下文信息，生成单词的向量表示。GloVe 的特点是能够同时捕捉全局和局部的语义关系。

- Transformer-based Model：基于 Transformer 架构的经典模型包括 BERT（Bidirectional Encoder Representations from Transformer）和 GPT（Generative Pre-trained Transformer），这些模型使用自注意力机制和预训练技术，生成上下文敏感的文本嵌入。BERT 侧重于通过双向编码器实现对上下文的深度理解，强调对文本双向信息的全面捕捉，使模型能够更全面地理解语境中的关系。这使得 BERT 在各种任务中都表现出色，尤其是在需要深层次理解语义和上下文关系的技术文本分析中。GPT 采用自回归生成式预训练，通过无监督学习从大规模文本中学习语言知识，强调通过生成式的方式预训练模型，使其能够生成富有语境的文本。这种生成性的方法使得 GPT 在理解和生成技术文本方面表现出色，特别适用于需要处理复杂语境和长文本的场景。

以下示例通过调用 OpenAI 中的文本嵌入模型（text-embedding-ada-002）对文本嵌入的流程和结果进行了展示。

```python
import openai
import pandas as pd
from sklearn.manifold import TSNE
import matplotlib.pyplot as plt
import numpy as np

# 定义获取文本嵌入的函数
def get_embedding(text, model="text-embedding-ada-002"):
    text = text.replace("\n", " ")
    return openai.Embedding.create(input=[text],
model=model)["data"][0]["embedding"]

# 定义输入数据
table_data = [
    {"text": "big dog", "label": 0},
    {"text": "strong dog", "label": 0},
    {"text": "large dog", "label": 0},
    {"text": "little cat", "label": 1},
```

```
    {"text": "small cat", "label": 1},
    {"text": "kitten", "label": 1},
]
df = pd.DataFrame(table_data, columns=["text", "label"])

# 输出原始输入数据
print("> raw input data:\n", df)
# ->          text  label
# -> 0      big dog      0
# -> 1   strong dog      0
# -> 2    large dog      0
# -> 3   little cat      1
# -> 4    small cat      1
# -> 5       kitten      1

# 对每个文本进行文本嵌入
df["ada_embedding"] = df.text.apply(
    lambda x: get_embedding(x, model="text-embedding-ada-002")
)

# 输出文本嵌入后的数据
print("> after text embedding:\n", df)
# ->          text  label                                ada_embedding
# -> 0     big dog      0  [-0.012279368937015533, -0.017828509211540222,...
# -> 1  strong dog      0  [-0.021650593727827072, -0.01337242592126131, ...
# -> 2   large dog      0  [-0.005486527923494577, -0.014770413748919964,...
# -> 3  little cat      1  [-0.023309631273150444, 0.006952110677957535, ...
# -> 4   small cat      1  [-0.016149736940860075, 0.00723886676132679, 0....
# -> 5      kitten      1  [-0.023020850494503975, -0.0031561367213726044...

# 使用 t-SNE 进行降维
tsne = TSNE(
    n_components=2, perplexity=2, random_state=42, init="random",
learning_rate=200
)

matrix = df.ada_embedding.to_list()
vis_dims = tsne.fit_transform(np.array(matrix))

x = [x for x, _ in vis_dims]
y = [y for _, y in vis_dims]
labels = df.label.to_list()

# 根据标签绘制散点图
```

```
for i in range(len(x)):
    if labels[i] == 0:
        s1 = plt.scatter(x[i], y[i], c="darkorange", alpha=0.8, linewidths=6)
    elif labels[i] == 1:
        s2 = plt.scatter(x[i], y[i], c="darkgreen", alpha=0.8, linewidths=6,
marker="^")

# 设置图表标题和图例
plt.title("Text embedding visualized using t-SNE")
plt.legend((s1, s2), ("dog", "cat"), loc="best")

# 显示图表
plt.show()
```

上述代码首先定义了 OpenAI 文本嵌入的调用函数，该函数输入为文本字符串，输出为文本嵌入后的向量。同时定义了一些文本数据，为了演示方便，这里的文本数据示例定义了两种不同标签的输入文本：标签为 0 的与大狗相关的文本（big dog、strong dog、large dog）；标签为 1 的与小猫相关的文本（little cat、small cat、kitten）。然后将文本数据输入文本嵌入模型，得到输入文本的向量表示 ada_embedding。文本嵌入模型的输出一般是多维的，例如，本示例中调用的 OpenAI 的 text-embedding-ada-002 模型的输出向量维度为 1536[①]，这种高维向量之间的相关性很难在二维图片上进行可视化展示。为了对文本嵌入向量进行可视化，这里使用了一种非线性降维和数据可视化算法 t-SNE（t-Distributed Stochastic Neighbor Embedding），将高维文本嵌入向量降到 2 维，也即 1×1536 的向量经过 t-SNE 算法降维后会得到 1×2 的向量，从而可以在二维图片上进行可视化。最终的结果是将高维数据映射到低维空间，使得相似的样本在低维空间中更加靠近，而不相似的样本则相对较远，可视化结果如图 3-1 所示，可以看到，同类别的文本嵌入向量相关性较高，例如小猫的文本向量聚集在右下方区域。

---

① OpenAI 文本嵌入模型：https://platform.openai.com/docs/guides/embeddings/what-are-embeddings。

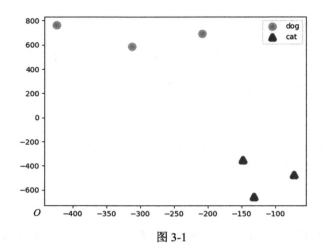

图 3-1

以上示例只是对文本嵌入的简单演示，真实应用场景中嵌入的文本会更为复杂。例如，对于文档查询应用，首先会将待检索的所有文档或段落嵌入，然后在检索时嵌入用户的查询文本，计算与嵌入所有文档的相似度，最后找出相似度高的文档。

OpenAI 文本嵌入模型调用

LangChain 对于以上调用进行了集成，具体调用方式如下。

```python
# 导入所需的库
from langchain.embeddings import OpenAIEmbeddings # 导入 OpenAIEmbeddings 类
import numpy as np  # 导入 numpy 库，用于数组操作

# 创建 OpenAIEmbeddings 实例
embeddings = OpenAIEmbeddings()

# 定义文本
text = "This is a test document."

# 对查询文本进行嵌入
query_result = embeddings.embed_query(text)

# 输出查询结果的形状
print(np.array(query_result).shape)
# -> (1536,)

# 对多个文档进行嵌入
```

```
doc_result = embeddings.embed_documents([text, text])

# 输出文档嵌入结果的形状
print(np.array(doc_result).shape)
# -> (2, 1536)

# embed_documents 与 embed_query 的输出结果是一致的
print((np.array(doc_result[0])==np.array(query_result)).all())
# -> True
```

　　上面的代码展示了如何使用 langchain.embeddings 库中的 OpenAIEmbeddings 类进行文本嵌入操作，该库提供了将文本转换为向量表示的功能。首先，将代码导入所需的库，包括 OpenAIEmbeddings 和 numpy。然后，创建 OpenAIEmbeddings 类的实例对象 embeddings，准备使用该实例对象进行文本嵌入。接下来，定义一个简单的文本字符串 text，它是待处理的测试文档。通过调用 embed_query 方法并传入文本字符串 text 嵌入查询文本，同时将嵌入结果存储在变量 query_result 中。这里使用的是查询文本的嵌入方法，因为默认使用的是 text-embedding-ada-002 模型，所以输出的向量维度也是 1536。LangChain 提供了一种对多个文档进行调用的方法 embed_documents，这里的示例中使用 embed_documents 方法对一个包含两个相同文本的列表进行文本嵌入操作，并将结果存储在变量 doc_result 中。通过对比可以看到使用 embed_documents 方法和 embed_query 方法进行文本嵌入的结果是一致的，两者的区别主要是 embed_documents 方法支持批量文本嵌入操作。

Hugging Face 文本嵌入模型调用

　　Hugging Face 上有很多不同研究机构开源的文本嵌入模型可供调用。LangChain 的一个很大的优势是用统一接口支持不同来源的模型调用，使用 LangChain 可以很方便地调用 Hugging Face 文本嵌入模型。LangChain 的 Hugging Face 文本嵌入模型接口默认调用 sentence-transformers/all-mpnet-base-v2，该模型将输入文本嵌入维度为

768 的向量[①]，以下是一个简单的调用示例。

```
# 安装 sentence-transformers 库: pip install -U sentence-transformers
# 导入所需的库
from langchain.embeddings import HuggingFaceEmbeddings
# 导入 HuggingFaceEmbeddings 类
import numpy as np  # 导入 numpy 库，用于数组操作

# 创建 HuggingFaceEmbeddings 实例
embeddings = HuggingFaceEmbeddings()

# 定义文本
text = "This is a test document."
# 嵌入查询文本
query_result = embeddings.embed_query(text)

# 输出查询结果的形状
print(np.array(query_result).shape)
# -> (768,)

# 嵌入多个文档
doc_result = embeddings.embed_documents([text, text])

# 输出文档嵌入结果的形状
print(np.array(doc_result).shape)
# -> (2, 768)

# embed_documents 方法与 embed_query 方法的输出结果是一致的
# 这里使用 np.isclose 函数判断是否足够接近
print(np.isclose(np.array(doc_result[0]), np.array(query_result),
atol=1e-5).all())
# -> True
```

　　这里 Hugging Face 实现的文本嵌入模型调用方式是先将模型缓存到本地，然后在本地进行模型推理实现文本嵌入（OpenAI 由远程服务器进行模型推理），所以运行代码时可以看到需要先自动下载缓存模型，耐心等待模型下载好之后就能看到输出结果。

---

① Hugging Face 文本嵌入模型：https://huggingface.co/sentence-transformers/all-mpnet-base-v2。

3.4　源码解析

LangChain 库通过一个高级的接口封装对 OpenAI API 的调用，让用户更容易与大语言模型（如 GPT-3.5 Turbo）进行交互。我们可以通过分析给出的 ChatOpenAI 类的源码来详细了解这个过程。

首先，我们给出基于 OpenAI 官方库的对话模型调用示例，在运行以下代码前需要在环境变量中配置 OpenAI 的 API 秘钥 (export OPENAI_API_KEY= "sk-xxx")。

```
import os
import openai

# 从环境变量或秘密管理服务中加载您的 API 密钥
openai.api_key = os.getenv("OPENAI_API_KEY")

# 创建一个聊天完成请求
chat_completion = openai.ChatCompletion.create(
    model="gpt-3.5-turbo",  # 使用 GPT-3.5 Turbo 模型
    temperature=0,  # 温度参数控制生成的文本的多样性，0 表示生成的文本具有确定性
    messages=[{"role": "user", "content": "你是谁？"}],  # 用户的消息
)

# 输出模型的回复消息
print(chat_completion["choices"][0]["message"]["content"])
# -> 我是一个 AI 助手，被称为 OpenAI。我被设计用来回答各种问题和提供帮助
```

这段代码首先设置了 OpenAI 的 API 密钥，然后通过 OpenAI 官方库提供的 ChatCompletion 函数调用 GPT-3.5 Turbo 模型生成回复，并输出回复内容。

这个对话模型调用在 LangChain 中以一种极其简单的方式实现。

```
from langchain.chat_models import ChatOpenAI
from langchain.schema import AIMessage, HumanMessage, SystemMessage

# 导入自定义的 ChatOpenAI 类以及消息类型
chat = ChatOpenAI(model_name="gpt-3.5-turbo", temperature=0)

# 使用自定义对话模型生成回复
result = chat(
    [
        HumanMessage(
```

```
            content="你是谁？"   # 用户的消息内容
        )
    ]
)
print(result.content)  # 输出模型的回复消息
# -> 我是一个 AI 助手，被称为 OpenAI。我被设计用来回答各种问题和提供帮助。
```

让我们通过对于源码的逐步解析来了解 LangChain 的封装方式。ChatOpenAI 在

源码 langchain/chat_models/openai.py 中定义如下。

```python
class ChatOpenAI(BaseChatModel):
    """OpenAI 对话大语言模型 API

    要使用此接口，您需要安装 openai Python 包，并将环境变量 OPENAI_API_KEY 设
    置为您的 API 密钥

    任何有效的参数都可以传递给 openai.create 调用，即使这些参数没有在这个类中被显
    式保存

    示例:
        .. code-block:: python

            from langchain.chat_models import ChatOpenAI
            openai = ChatOpenAI(model_name="gpt-3.5-turbo")
    """

    @property
    def lc_secrets(self) -> Dict[str, str]:
        # 返回一个包含 API 密钥的字典，用于对 OpenAI API 进行认证
        return {"openai_api_key": "OPENAI_API_KEY"}

    @property
    def lc_serializable(self) -> bool:
        # 指示该类的实例是否可被序列化的布尔值
        return True


    client: Any = None  # 非公开属性：用于存储 API 客户端实例
    model_name: str = Field(default="gpt-3.5-turbo", alias="model")
    # 使用的模型名称，默认为 gpt-3.5-turbo
    temperature: float = 0.7
    # 生成回复时使用的采样温度，默认为 0.7
    model_kwargs: Dict[str, Any] = Field(default_factory=dict)
    # 保存用于 `create` 调用的任何模型参数的字典，这些参数在类中没有被显式指定
    openai_api_key: Optional[str] = None
```

```
# API 请求的基础 URL 路径，如果不使用代理或服务模拟器，则留空
openai_api_base: Optional[str] = None
openai_organization: Optional[str] = None
# 支持 OpenAI 的显式代理
openai_proxy: Optional[str] = None
request_timeout: Optional[Union[float, Tuple[float, float]]] = None
# 对 OpenAI completion API 的请求超时时间，默认是 600s
max_retries: int = 6
# 生成时的最大重试次数，默认为 6 次
streaming: bool = False
# 是否为流式传输结果
n: int = 1
# 每个提示生成的对话完成次数，默认为 1 次
max_tokens: Optional[int] = None
# 生成的最大令牌数
tiktoken_model_name: Optional[str] = None
# 当使用这个类时传递给 tiktoken 的模型名称。在默认情况下，当设置为 None 时，将与嵌
# 入模型名称相同。但是用户可能希望通过 tiktoken 不支持的模型名称来使用这个嵌入类，
# 这可能包括其他类似 OpenAI API 的模型，例如 Azure 嵌入模型。在这些情况下，为了避
# 免调用 tiktoken 时发生错误，您可以在这里指定一个模型名称
```

在这个架构中，ChatOpenAI 是针对 OpenAI 的对话 API 定制的子类，它定义了如何与 OpenAI 的对话模型交互，包括 API 密钥的管理、请求的配置、超时设置等。通过使用这个类，用户可以轻松地与 OpenAI 的大语言模型进行交互，并将其集成到自己的应用程序中。ChatOpenAI 继承自 langchain/chat_models/base.py 中的 BaseChatModel 类，BaseChatModel 是 LangChain 实现不同对话模型的基础类，这个类和它的属性主要定义与对话相关的基础功能和属性，例如缓存、输出的详细程度、回调和标签等。

```
class BaseChatModel(BaseLanguageModel[BaseMessageChunk], ABC):
    """对话模型的基类"""

    cache: Optional[bool] = None
    # 是否缓存响应
    verbose: bool = Field(default_factory=_get_verbosity)
    # 是否输出响应文本
    callbacks: Callbacks = Field(default=None, exclude=True)
    # 添加到运行跟踪的回调
    callback_manager: Optional[BaseCallbackManager] = Field(default=None,
exclude=True)
    # 添加到运行跟踪的回调管理器
```

```
tags: Optional[List[str]] = Field(default=None, exclude=True)
# 添加到运行跟踪的标签
metadata: Optional[Dict[str, Any]] = Field(default=None, exclude=True)
# 添加到运行跟踪的元数据
```

在 ChatOpenAI 中实现的 validate_environment 函数用于对 OpenAI 的 API 秘钥等信息进行验证。

```
@root_validator()
def validate_environment(cls, values: Dict) -> Dict:
    """验证环境中是否存在 API 密钥和 Python 包"""
    # 确认 API 密钥和其他参数是否已经在环境变量中设置
    values["openai_api_key"] = get_from_dict_or_env(
        values, "openai_api_key", "OPENAI_API_KEY"
    )
    values["openai_organization"] = get_from_dict_or_env(
        values,
        "openai_organization",
        "OPENAI_ORGANIZATION",
        default="",
    )
    values["openai_api_base"] = get_from_dict_or_env(
        values,
        "openai_api_base",
        "OPENAI_API_BASE",
        default="",
    )
    values["openai_proxy"] = get_from_dict_or_env(
        values,
        "openai_proxy",
        "OPENAI_PROXY",
        default="",
    )
    try:
        import openai

    except ImportError:
        raise ValueError(
            "Could not import openai python package. "
            "Please install it with `pip install openai`."
        )
    # 确保有正确的客户端属性
    try:
        values["client"] = openai.ChatCompletion
```

```
except AttributeError:
    raise ValueError(
        "`openai` has no `ChatCompletion` attribute, this is likely "
        "due to an old version of the openai package. Try upgrading it "
        "with `pip install --upgrade openai`."
    )
# 验证调用的其他规则，例如 n 的值必须大于 1，当 streaming 时，n 必须为 1
if values["n"] < 1:
    raise ValueError("n must be at least 1.")
if values["n"] > 1 and values["streaming"]:
    raise ValueError("n must be 1 when streaming.")
return values
```

在不同对话中调用 validate_environment 函数时需要自行给定，LangChain 通过这种封装方式来支持不同接口的语言模型的环境验证，例如对于 Anthropic 模型，则基于以下函数定义来进行环境验证。

```
@root_validator()
def validate_environment(cls, values: Dict) -> Dict:
    """验证环境中是否存在 API 密钥和 Python 包"""
    # 尝试从传入的字典或环境变量中获取 API 密钥
    values["anthropic_api_key"] = get_from_dict_or_env(
        values, "anthropic_api_key", "ANTHROPIC_API_KEY"
    )

    # 尝试从传入的字典或环境变量中获取 API URL，如果不存在则使用默认值
    values["anthropic_api_url"] = get_from_dict_or_env(
        values,
        "anthropic_api_url",
        "ANTHROPIC_API_URL",
        default="https://api.anthropic.com",
    )

    try:
        # 尝试导入 Anthropic Python 包，并且检查其版本是否满足最低要求
        import anthropic
        check_package_version("anthropic", gte_version="0.3")

        # 基于提供的 API URL 和 API 密钥创建 Anthropic 客户端和异步客户端实例
        # 并将它们存储到 values 字典中供后续使用
        values["client"] = anthropic.Anthropic(
            base_url=values["anthropic_api_url"],
            api_key=values["anthropic_api_key"],
            timeout=values["default_request_timeout"],
```

```
        )
        values["async_client"] = anthropic.AsyncAnthropic(
            base_url=values["anthropic_api_url"],
            api_key=values["anthropic_api_key"],
            timeout=values["default_request_timeout"],
        )

        # 从 Anthropic 库中获取并设置人类提示和 AI 提示的常量
        values["HUMAN_PROMPT"] = anthropic.HUMAN_PROMPT
        values["AI_PROMPT"] = anthropic.AI_PROMPT

        # 设置一个用于计算令牌数的函数，此处使用了客户端的 count_tokens 方法
        values["count_tokens"] = values["client"].count_tokens

    except ImportError:
        # 如果 Anthropic 包没有被安装，则抛出导入错误，并给出安装包的指示
        raise ImportError(
            "Could not import anthropic python package. "
            "Please install it with `pip install anthropic`."
        )
    return values
```

了解了 ChatOpenAI 类中的基础定义后，让我们来逐步拆解 ChatOpenAI 基于 OpenAI 的 API 函数实现对话模型调用的过程。后面介绍的函数均来自 ChatOpenAI 及其基础类。

__call__ 方法允许类的实例像函数一样被调用，并传入消息列表，返回生成的回答。

```
def __call__(
    self,
    messages: List[BaseMessage],
    stop: Optional[List[str]] = None,
    callbacks: Callbacks = None,
    **kwargs: Any,
) -> BaseMessage:
"""
当此对象作为函数被调用时执行的方法

参数
messages: 信息列表，是 BaseMessage 类型的实例列表
stop: 可选参数，停止符列表，用于指示生成内容结束
callbacks: 回调函数集合，在生成过程中的特定时刻触发
```

```
**kwargs: 接收任意额外的关键字参数

返回
返回一个 BaseMessage 类型的实例，它是生成的结果

异常
如果生成的类型不符合预期，则抛出 ValueError
"""
generation = self.generate(
    [messages], stop=stop, callbacks=callbacks, **kwargs
).generations[0][0]
if isinstance(generation, ChatGeneration):
    return generation.message
else:
    raise ValueError("Unexpected generation type")
```

generate 函数是生成文本响应的核心函数，负责生成回答、接收一系列消息，并使用设定的停止符和回调来控制生成过程。该函数包括错误处理、回调管理、缓存策略以及对生成结果的封装，可以灵活地应对不同的生成需求，并且在生成过程中保持扩展性和可管理性。

```
def generate(
    self,
    messages: List[List[BaseMessage]],
    stop: Optional[List[str]] = None,
    callbacks: Callbacks = None,
    *,
    tags: Optional[List[str]] = None,
    metadata: Optional[Dict[str, Any]] = None,
    **kwargs: Any,
) -> LLMResult:
"""生成响应的顶级调用函数

参数
messages: BaseMessage 实例的列表，表示多个对话或消息序列
stop: 可选的停止字符串列表，用于指示生成器何时停止生成更多内容
callbacks: 可选的 Callbacks 实例，指定在生成过程中的不同阶段调用的函数
tags: 可选的字符串列表，用于标记生成的结果，以便跟踪和分类
metadata: 可选的字典，用于携带生成过程中可能需要的额外信息
**kwargs: 接受任意额外的关键字参数，这些参数将传递给底层生成函数

返回
返回一个 LLMResult 实例，其中包含生成结果的细节，如生成的文本和相关的输出信息。
```

51

```
"""
# 获取调用参数
params = self._get_invocation_params(stop=stop, **kwargs)
# 定义选项参数，此处用于停止条件
options = {"stop": stop}

# 配置回调管理器：使用 CallbackManager 的 configure 静态方法创建并配置回调管
# 理器。这个管理器将处理在生成过程中触发的各种回调
callback_manager = CallbackManager.configure(
    callbacks,
    self.callbacks,
    self.verbose,
    tags,
    self.tags,
    metadata,
    self.metadata,
)

# 在对话模型开始时运行回调管理器，此处生成运行管理器的列表
run_managers = callback_manager.on_chat_model_start(
    dumpd(self), messages, invocation_params=params, options=options
)

# 遍历消息并生成响应：对于 messages 列表中的每组消息，尝试调用
# _generate_with_cache 方法生成响应，并将结果存储到 results 列表中
results = []
for i, m in enumerate(messages):
    try:
        # 使用缓存生成聊天结果
        results.append(
            self._generate_with_cache(
                m,
                stop=stop,
                run_manager=run_managers[i] if run_managers else None,
                **kwargs,
            )
        )
    except (KeyboardInterrupt, Exception) as e:
        # 处理生成过程中的异常，例如用户中断或其他错误
        if run_managers:
            run_managers[i].on_llm_error(e)
        raise e

# 将生成的结果转换为扁平化的输出形式
```

```
    flattened_outputs = [
        LLMResult(generations=[res.generations], llm_output=res.llm_output)
        for res in results
    ]

    # 将各个生成结果的 llm_output 合并为一个
    llm_output = self._combine_llm_outputs([res.llm_output for res in
results])

    # 获取所有生成结果的 generations 列表
    generations = [res.generations for res in results]

    # 创建一个 LLMResult 对象，包含生成的输出和合并的 llm_output
    output = LLMResult(generations=generations, llm_output=llm_output)

    # 如果存在运行管理器，则为每个运行管理器执行结束回调，并存储运行信息
    if run_managers:
        run_infos = []
        for manager, flattened_output in zip(run_managers,
flattened_outputs):
            manager.on_llm_end(flattened_output)
            run_infos.append(RunInfo(run_id=manager.run_id))
        output.run = run_infos

    # 返回生成的结果
    return output
```

在 generate 函数中生成模型响应调用的是 _generate_with_cache 函数，它是用于生成对话回复的私有方法，在生成回复之前会尝试从缓存中获取结果，以减少计算资源的消耗并提高响应速度。如果缓存中没有对应的结果，它就会调用实际的生成函数来创建新的回复。这种机制对于经常需要重复生成相同回复的应用是非常有用的，因为它可以显著减少不必要的重复计算。_generate_with_cache 函数的具体实现和介绍如下。

```
def _generate_with_cache(
    self,
    messages: List[BaseMessage],
    stop: Optional[List[str]] = None,
    run_manager: Optional[CallbackManagerForLLMRun] = None,
    **kwargs: Any,
) -> ChatResult:
```

```
"""
使用缓存策略生成聊天结果的私有方法

参数
messages: BaseMessage 对象的列表，代表要生成回复的消息序列
stop: 可选的字符串列表，用于指示生成器在哪些关键词出现后停止生成
run_manager: 可选的 CallbackManagerForLLMRun 对象，用于管理生成过程中的回调
**kwargs: 接受额外的任意关键字参数

返回
ChatResult: 包含生成的回复和可能的附加信息

功能介绍
1．判断 self._generate 方法是否支持 run_manager 参数
2．根据 self.cache 状态判断是否需要忽略缓存
3．如果没有缓存可用或者选择忽略缓存，则直接调用 _generate 生成结果
4．如果缓存可用，则尝试从缓存中获取回复
5．如果缓存中有结果，则直接返回这些结果
6．如果缓存中没有结果，则调用 _generate 生成结果，并更新缓存
"""
# 判断_generate 函数是否接受 run_manager 参数
new_arg_supported = inspect.signature(self._generate).parameters.get(
    "run_manager"
)
# 判断是否应该忽略缓存
disregard_cache = self.cache is not None and not self.cache
if langchain.llm_cache is None or disregard_cache:
    # 如果 langchain.cache 为 None，self.cache 为 True，则报错
    if self.cache is not None and self.cache:
        raise ValueError(
            "Asked to cache, but no cache found at `langchain.cache`."
        )
    # 如果_generate 函数支持 run_manager 参数，则传入该参数
    if new_arg_supported:
        return self._generate(
            messages, stop=stop, run_manager=run_manager, **kwargs
        )
    else:
        # 如果不支持，则不传入 run_manager 参数
        return self._generate(messages, stop=stop, **kwargs)
else:
    # 获取 LLM 字符串用于缓存键
    llm_string = self._get_llm_string(stop=stop, **kwargs)
    # 将消息序列化为字符串
```

```
        prompt = dumps(messages)
        # 尝试从缓存中获取结果
        cache_val = langchain.llm_cache.lookup(prompt, llm_string)
        if isinstance(cache_val, list):
            # 如果缓存中有结果, 则直接返回
            return ChatResult(generations=cache_val)
        else:
            # 如果缓存中没有结果, 则生成新的结果
            if new_arg_supported:
                result = self._generate(
                    messages, stop=stop, run_manager=run_manager, **kwargs
                )
            else:
                result = self._generate(messages, stop=stop, **kwargs)
            # 更新缓存
            langchain.llm_cache.update(prompt, llm_string,
result.generations)
            return result
```

其中, _generate 函数是一个在基础类 BaseChatModel 中抽象定义的函数, 在不同语言模型类中需要特别给定以适配不同大语言模型的接口。这个方法包含了流式 (stream=True) 和非流式两种生成回复的模式。流式模式允许用户以流式的形式接收响应, 而不是等到整个响应生成完成后一次性接收。这对于生成较长的内容特别有用, 因为用户可以实时看到生成的内容, 而不需要等待整个过程结束。本书使用非流式模式调用示例, 流式模式不是我们讲解的重点。_generate 函数首先判断是否使用流式模式, 此模式下会逐块生成回复。如果使用流式模式, 则会通过一个循环逐块调用 _stream 方法, 并将每块结果拼接起来。如果不使用流式模式, 则通过 create_message_dicts 方法准备参数, 然后将这些参数传给 completion_with_retry 方法来生成回复。最后, 通过 create_chat_result 方法将生成的回复转换成 ChatResult 实例并返回。

```
def _generate(
    self,
    messages: List[BaseMessage],
    stop: Optional[List[str]] = None,
    run_manager: Optional[CallbackManagerForLLMRun] = None,
    stream: Optional[bool] = None,
    **kwargs: Any,
```

```
) -> ChatResult:
    """
    生成聊天回复的私有方法

    参数
    messages: BaseMessage 的实例列表，表示需要生成回复的消息序列
    stop: 可选的字符串列表，用于指示生成回复时在何处停止
    run_manager: 可选的 CallbackManagerForLLMRun 实例，处理生成过程中的回调
    stream: 可选的布尔值，指示是否使用流式生成
    **kwargs: 接受额外的任意关键字参数

    返回
    ChatResult 实例，包含生成的回复
    """
    # 判断是否使用流式生成，如果 stream 参数未指定，则使用对象的 streaming 属性
    if stream if stream is not None else self.streaming:
        generation: Optional[ChatGenerationChunk] = None
        # 流式生成，逐块处理
        for chunk in self._stream(
            messages=messages, stop=stop, run_manager=run_manager,
**kwargs
        ):
            # 如果是第一块，则直接将其设置为生成的结果
            if generation is None:
                generation = chunk
            # 如果不是第一块，则将新块的内容添加到已有的生成结果中
            else:
                generation += chunk
        # 确保生成结果不为空
        assert generation is not None
        # 返回包含生成结果的 ChatResult 实例
        return ChatResult(generations=[generation])

    # 非流式生成的准备工作
    message_dicts, params = self._create_message_dicts(messages, stop)
    # 合并传入的 kwargs 参数和之前准备的 params
    params = {**params, **kwargs}
    # 调用 completion_with_retry 函数进行生成，这个方法会处理网络请求重试的
    # 逻辑
    response = self.completion_with_retry(
        messages=message_dicts, run_manager=run_manager, **params
    )
    # 将生成的回复转换成 ChatResult 实例并返回
    return self._create_chat_result(response)
```

这里重点关注用于生成模型回复的 completion_with_retry 函数，该函数法使用内部定义的 _create_retry_decorator 方法创建一个重试装饰器，并使用这个装饰器包装一个内部定义的 _completion_with_retry 函数，_completion_with_retry 函数负责调用客户端（self.client）的 create 方法来生成回复。如果调用失败，那么重试装饰器会根据配置的策略重试调用。本函数中的 self.client 是 OpenAI 的 openai.ChatCompletion 官方函数，用于对话模型交互。completion_with_retry 函数可以确保在遇到网络问题等可重试的错误时，能够自动进行重试。

```python
def completion_with_retry(
      self, run_manager: Optional[CallbackManagerForLLMRun] = None,
**kwargs: Any
   ) -> Any:
    """
    使用 tenacity 库重试生成回复的调用

    参数
    run_manager: 可选的 CallbackManagerForLLMRun 实例，用于处理回调
    **kwargs: 接受额外的任意关键字参数

    返回
    调用生成接口的返回值
    """
    # 创建重试装饰器
    retry_decorator = _create_retry_decorator(self,
run_manager=run_manager)

    # 使用重试装饰器包装生成回复的函数
    @retry_decorator
    def _completion_with_retry(**kwargs: Any) -> Any:
        # 调用客户端的创建方法
        return self.client.create(**kwargs)

    # 调用并返回包装后的函数的结果
    return _completion_with_retry(**kwargs)
```

至此，我们通过逐步拆解 LangChain 的封装，可以看到 LangChain 是如何通过封装对不同来源的对话模型 API 实现兼容性支持，并在原始 API 基础上增加了通用的回调管理、消息封装、缓存与重试机制等功能的。这种方式降低了与 OpenAI API

交互的复杂性，使开发者可以更专注于构建对话流和处理逻辑，而不必担心底层的 API 细节。同时，内置的错误处理和自动重试机制可以提升系统的稳定性，保证在网络波动或服务短暂不可用时，应用程序仍能正常运行。通过智能缓存，LangChain 能够减少不必要的 API 调用，提升响应速度、降低成本。另外，通过回调和参数配置，LangChain 让开发者可以轻松自定义功能，加入日志记录、监控或其他中间处理步骤。综上所述，LangChain 的封装不仅简化了与 OpenAI 对话模型的交互，还为开发高质量、可靠和用户友好的对话应用提供了强大的基础设施。

3.5 小结

本章介绍了使用 LangChain 调用大语言模型、对话模型和文本嵌入模型的方式。通过调用这些模型，我们可以方便地执行文本补全、文本问答、文本嵌入、信息检索和聚类分析等任务。

第 4 章

模型输入输出

模型输入主要与提示（Prompt）相关。提示是传递给语言模型的值，它可以是一个字符串（用于语言模型）或一系列消息（用于对话模型）。通过提示设计是对大语言模型进行编程的一种新方式，可以让模型生成符合我们预期的输出。提示的数据类型相对简单，其构建却并不简单。

模型一般直接输出文本，在某些情况下我们可能希望模型输出格式化的文本，例如直接输出 Python 中的列表（List）或者 JSON 中的字典，输出解析器能满足该需求。

本章将从以下 4 方面来对模型输入输出进行介绍。

- 大语言模型提示模板：使用提示模板来提示语言模型的方法。
- 对话模型提示模板：使用提示模板来提示对话模型的方法。
- 示例选择器：在提示中包含示例通常非常有用，这些示例可以是硬编码的，但使用动态选择的示例效果一般会更好。
- 输出解析器：语言模型（以及对话模型）一般直接输出文本，但很多时候我们可能希望获得比文本更具结构化的信息，这就是输出解析器的用武之地。输出解析器负责指导模型进行格式化输出、将输出解析为所需的格式（包括必要时进行重试）。

4.1　提示模板

提示模板（Prompt Template）是用于构建提示的模板化结构。它是为了简化和标准化提示的创建而设计的。本节将对以下与提示模板相关的内容进行详细介绍。

- 什么是提示模板以及为什么需要它？
- 如何创建提示模板？
- 如何向提示模板添加少样本示例？
- 如何为提示模板选择示例？

提示模板是什么

首先，让我们明确一下为什么需要提示模板。在使用大语言模型时，通常需要向其提供一个提示，以引导其生成我们想要的输出。传统的方式是手动编写提示文本，但这样做可能很烦琐，尤其是在面对多个场景和多个模型时。使用提示模板可以帮助我们更快速、更灵活地构建提示，同时确保提示的一致性和可维护性。在 LangChain 中使用提示模板可以重复生成提示，它包含一个文本字符串，可以从最终用户那里接收一组参数，并生成一个提示。提示模板可能包含以下内容。

- 对大语言模型的指令。
- 少量示例，以帮助大语言模型生成更好的回复。
- 对大语言模型提出的问题。

以下代码片段是一个提示模板的示例。

```
from langchain import PromptTemplate

# 定义提示模板
template = """
我希望你能担任新公司的命名顾问。
一个制造{product}的公司取什么名字好呢？
"""

# 创建提示模板实例
```

```
prompt = PromptTemplate(
    input_variables=["product"],  # 指定模板中的变量
    template=template,  # 使用定义的模板字符串
)

# 使用模板实例进行格式化，将占位符替换为具体的值
generated_prompt = prompt.format(product="彩色袜子")

# 输出生成的提示文本
print(generated_prompt)
# -> 我希望你能担任新公司的命名顾问。
# -> 一个制造彩色袜子的公司取什么名字好呢？
```

首先，定义一个包含占位符的中文提示模板。然后，通过创建 PromptTemplate 实例，指定模板中的变量（此例中为"product"），并将模板字符串传递给构造函数。接下来，我们使用 format 方法用具体的值（此例中为"彩色袜子"）替换占位符，生成最终的提示文本。最后，输出生成的提示文本，展示替换后的中文提示。

如何创建提示模板

下面的示例代码使用 PromptTemplate 类创建不同类型的提示模板。

```
from langchain import PromptTemplate

# 一个没有输入变量的示例提示
no_input_prompt = PromptTemplate(input_variables=[], template="给我讲一个笑话")
print(no_input_prompt.format())
# -> "给我讲一个笑话"

# 一个带有一个输入变量的示例提示
one_input_prompt = PromptTemplate(input_variables=["adjective"],
template="给我讲一个{adjective}的笑话。")
print(one_input_prompt.format(adjective="好笑的"))
# -> "给我讲一个好笑的笑话"

# 一个带有多个输入变量的示例提示
multiple_input_prompt = PromptTemplate(
    input_variables=["adjective", "content"],
    template="给我讲一个关于{content}的{adjective}笑话"
)
```

```
print(multiple_input_prompt.format(adjective="好笑的", content="孙悟空"))
# -> "给我讲一个关于孙悟空的好笑的笑话"
```

第一个示例是一个没有输入变量的提示模板，模板中的内容为"给我讲一个笑话"。由于没有输入变量，直接调用 format 方法即可生成最终的提示文本。第二个示例是一个带有一个输入变量的提示模板，模板中的内容为"给我讲一个{adjective}的笑话"。通过 format 方法，并传递具体的值（例如"好笑的"）来替换占位符{adjective}，生成最终的提示文本。第三个示例是一个带有多个输入变量的提示模板，模板中的内容为"给我讲一个关于{content}的{adjective}笑话"。通过 format 方法，并传递具体的值（例如"好笑的"和"孙悟空"）来替换占位符 {adjective} 和 {content}，生成最终的提示文本。每个示例的最终结果都是替换了占位符的中文提示文本，根据提供的输入变量值来定制生成的笑话。

在某些情况下，如果不希望手动指定 input_variables，那么 PromptTemplate 也支持直接读取格式化的字符串来构造模板，以下代码演示了如何使用 PromptTemplate 类来创建和格式化提示模板。

```
# with f-string
template = "告诉我一个{adjective}的笑话，关于{content}的"

prompt_template = PromptTemplate.from_template(template)
prompt_template.input_variables
# -> ['adjective', 'content']
print(prompt_template.format(adjective="有趣的", content="孙悟空"))
# -> 告诉我一个有趣的笑话，关于孙悟空的

# with jinja2 (在运行之前，请确保已安装 jinja2 库)
jinja2_template = "告诉我一个{{ adjective }}的笑话，关于{{ content }}的"
prompt_template = PromptTemplate.from_template(template=jinja2_template,
template_format="jinja2")

print(prompt_template.format(adjective="有趣的", content="孙悟空"))
# -> 告诉我一个有趣的笑话，关于孙悟空的
```

第一部分使用 f-string 的方式创建了一个简单的提示模板。模板中包含了占位符{adjective}和{content}，分别表示形容词和内容。首先，使用 PromptTemplate.from_template 方法根据模板创建一个 PromptTemplate 实例，并输出其中的输入变量

（input_variables），这里是 ['adjective', 'content']。接着，通过调用 format 方法并传入
具体的值，使用 f-string 的方式将占位符替换为实际的值，生成最终的提示文本 "告
诉我一个有趣的笑话，关于孙悟空的"。第二部分使用 jinja2 的模板语法创建一个基
于 jinja2 格式的提示模板。我们需要确保在运行之前已经安装了 jinja2 库。同样地，
使用 PromptTemplate.from_template 方法创建一个 PromptTemplate 实例，并指定
template_format 参数为 "jinja2"，告诉程序使用 jinja2 格式的模板。然后，通过调
用 format 方法并传入具体的值，jinja2 会自动将模板中的占位符替换为对应的值，生
成最终的提示文本 "告诉我一个有趣的笑话，关于孙悟空的"。最后，输出结果。

少样本示例提示模板

之前的提示模板中只给定了用户的指令，额外提供少样本示例可以帮助语言模型
生成更好的响应。使用少样本示例的代码如下。

```python
from langchain import PromptTemplate, FewShotPromptTemplate

# 首先，创建少样本示例的列表
examples = [
    {"word": "快乐", "antonym": "悲伤"},
    {"word": "高", "antonym": "矮"},
]

# 接下来，指定用于格式化示例的模板
# 我们使用 PromptTemplate 类来实现这一点
example_formatter_template = """单词：{word}
反义词：{antonym}
"""

example_prompt = PromptTemplate(
    input_variables=["word", "antonym"],
    template=example_formatter_template,
)

# 最后，创建 FewShotPromptTemplate 对象
few_shot_prompt = FewShotPromptTemplate(
    # 这些是要插入提示中的示例
    examples=examples,
```

```
    # 这是将示例插入提示中时，我们想要格式化示例的方式
    example_prompt=example_prompt,
    # 前缀是一些文本，位于提示的示例之前
    # 通常，这包括一些说明
    prefix="给出每个输入的反义词\n",
    # 后缀是一些文本，位于提示中的示例之后
    # 通常，这是用户输入的位置
    suffix="单词: {input}\n 反义词: ",
    # 输入变量是整体提示所期望的变量
    input_variables=["input"],
    # 示例分隔符是将前缀、示例和后缀连接在一起的字符串
    example_separator="\n",
)

# 现在我们可以使用 format 方法生成一个提示
print(few_shot_prompt.format(input="大"))
# -> 给出每个输入的反义词
# ->
# -> 单词: 快乐
# -> 反义词: 悲伤
# ->
# -> 单词: 高
# -> 反义词: 矮
# ->
# -> 单词: 大
# -> 反义词:
```

上述代码使用了 LangChain 库中的 PromptTemplate 类和 FewShotPromptTemplate 类来生成带有少样本示例的提示。首先，定义一个少样本示例的列表 examples，其中包含两个示例，每个示例都包含一个单词和它的反义词。然后，使用 PromptTemplate 类创建一个示例格式化模板 example_prompt，指定输入变量 word 和 antonym，以及模板内容，包含用于显示单词和反义词的占位符。接下来，使用 FewShotPromptTemplate 类创建一个少样本提示模板 few_shot_prompt，通过传入示例列表、示例格式化模板、前缀、后缀、输入变量和示例分隔符进行初始化。最后，使用 format 方法生成一个提示文本，传入输入变量的值。生成的提示文本包括前缀、每个示例的格式化文本及后缀，其中示例的值已经根据输入变量的值进行了替换。运行代码后，会展示一个给出每个输入单词的反义词的提示，同时展示示例的格式化文

本和输入变量的占位符。在示例中，最后输入的单词是"大"，它的反义词占位符为空，等待用户填入反义词。

4.2　对话提示模板

第 3 章介绍过将对话消息列表作为对话模型的输入，这个列表通常被称为提示。这些对话消息与原始字符串（传递给语言模型的字符串）不同，因为每个消息都与一个角色关联。例如，在 OpenAI API 中，对话消息可以与 AI（一般指人工智能助手，即 ChatGPT）、人类或系统角色关联，模型应更严格地遵循系统对话消息的指示。本节将详细介绍对话提示模板的使用方式。

基于消息的对话提示模板

LangChain 提供了多种提示模板，使构建和使用提示变得简单。在查询对话模型时，使用这些与对话相关的提示模板，可以充分发挥底层对话模型的潜力。基于消息的对话提示模板的使用示例如下。

```
# 导入所需的模块
from langchain.prompts import (
    ChatPromptTemplate,
    SystemMessagePromptTemplate,
    HumanMessagePromptTemplate,
)

# 创建一个系统消息的提示模板，使用给定的模板和变量
template="你是一个从{input_language}到{output_language}的翻译助手。"
system_message_prompt =
SystemMessagePromptTemplate.from_template(template)

# 创建一个用户消息的提示模板，使用给定的模板和变量
human_template="{text}"
human_message_prompt =
HumanMessagePromptTemplate.from_template(human_template)
```

```
# 创建一个对话提示模板，由系统消息和用户消息组成
chat_prompt = ChatPromptTemplate.from_messages([system_message_prompt,
human_message_prompt])

# 将输入值应用于对话提示模板，生成对话消息的列表 (输出为 message 格式)
print(chat_prompt.format_prompt(input_language="英文", output_language="
中文", text="I love programming.").to_messages())
# -> [SystemMessage(content='你是一个从英文到中文的翻译助手。',
additional_kwargs={}), HumanMessage(content='I love programming.',
additional_kwargs={})]
```

　　首先，通过 from_template 方法创建一个系统消息的提示模板 system_message_prompt。这个模板使用一个包含变量的模板字符串，其中 {input_language} 和 {output_language} 分别表示输入语言和输出语言。接下来，使用相同的方法创建一个用户消息的提示模板 human_message_prompt，这个模板使用一个变量 {text} 表示用户的输入文本。然后，使用 ChatPromptTemplate.from_messages 方法创建一个对话提示模板 chat_prompt，这个模板由系统消息和用户消息组成，可以按顺序组合它们。接下来，通过调用 format_prompt 方法并传入相应的参数，将输入值应用于对话提示模板。这样会生成一个对话消息的列表，其中包含格式化后的系统消息和用户消息。最后，通过调用 to_messages 方法将对话消息列表输出为 message 格式。

　　以上代码的输出为消息格式，如果希望得到纯字符串输出，那么可以调用 to_string 方法将对话消息格式化为字符串形式。

```
# 将输入值应用于对话提示模板，生成格式化的对话消息字符串 (输出为 string 格式)
print(chat_prompt.format_prompt(input_language="英文", output_language="
中文", text="I love programming.").to_string())
# -> System: 你是一个从英文到中文的翻译助手。
# -> Human: I love programming.
```

自定义角色的消息提示模板

　　LangChain 提供了不同类型的 MessagePromptTemplate，其中最常用的是 AIMessagePromptTemplate、SystemMessagePromptTemplate 和 HumanMessagePromptTemplate，它们分别用于创建 AI 消息、系统消息和用户消息。在对话模型支持以任

意角色接收对话消息的情况下，还可以使用 ChatMessagePromptTemplate，它允许用户指定角色名称。这些模板的作用是帮助用户构建对话提示，以便与对话模型进行交互。通过使用适当的模板，可以更好地控制生成的消息的类型和内容。ChatMessagePromptTemplate 是更加通用的模板，允许用户自定义指定角色名称，这对于需要在对话中模拟多个角色进行交互的情况非常有用。通过为每个角色定义不同的消息提示模板，可以实现更加丰富和多样化的对话场景。一个具体的使用示例如下。

```
# 导入所需的模块和类
from langchain.prompts import ChatMessagePromptTemplate

# 定义一个包含变量的提示模板，其中{name}是一个占位符，这里表示人名
prompt = "{name} 你好，今天由我来为你介绍 LangChain 的使用方式。"

# 使用 from_template 方法创建一个对话消息的提示模板，并指定角色为"小明"
# 使用之前定义的模板
chat_message_prompt = ChatMessagePromptTemplate.from_template(role="小明", template=prompt)

# 通过调用 format 方法传入参数，将输入值应用于聊天消息的提示模板
# 生成一个格式化后的聊天消息
print(chat_message_prompt.format(name="小红"))
# -> content='小红 你好，今天由我来为你介绍 LangChain 的使用方式。'
additional_kwargs={} role='小明'
```

LangChain 还提供了 MessagesPlaceholder，它可以在格式化过程中完全控制要呈现的消息内容。当不确定使用哪种角色的消息提示模板，或者希望在格式化过程中插入一系列的消息时，使用 MessagesPlaceholder 可以根据需要自由地定义消息的内容和顺序。它允许在对话提示模板中插入占位符，而不需要提前指定角色。在实际格式化时，可以根据需要提供相应的消息列表，这样就可以灵活地控制生成的对话消息。例如，当需要根据用户输入、外部数据或其他因素动态生成对话内容时，可以使用 MessagesPlaceholder 来灵活地构建对话提示，将生成的消息插入适当的位置。使用代码示例如下。

```
from langchain.prompts import MessagesPlaceholder
from langchain.prompts import (
    ChatPromptTemplate,
```

```
    HumanMessagePromptTemplate,
)
from langchain.schema import (
    AIMessage,
    HumanMessage,
)

# 定义用户提示模板
human_prompt = "用 {word_count} 个词总结我们目前为止的对话。"
human_message_template =
HumanMessagePromptTemplate.from_template(human_prompt)

# 创建对话提示模板，包括对话占位符和用户提示模板
chat_prompt =
ChatPromptTemplate.from_messages([MessagesPlaceholder(variable_name="con
versation"), human_message_template])

# 创建用户消息和 AI 消息
human_message = HumanMessage(content="如何学习编程最好")
ai_message = AIMessage(content="""\
1. 选择一种编程语言：决定要学习的编程语言。

2. 从基础开始：熟悉基本的编程概念，如变量、数据类型和控制结构。

3. 多加练习：最好的学习编程的方式是实践。
""")

# 应用对话提示模板，格式化提示并输出为消息列表
print(chat_prompt.format_prompt(conversation=[human_message, ai_message],
word_count="10").to_messages())
# -> [HumanMessage(content='如何学习编程最好', additional_kwargs={}),
AIMessage(content='1. 选择一种编程语言：决定要学习的编程语言。\n\n2. 从基础开始：
熟悉基本的编程概念，如变量、数据类型和控制结构。\n\n3. 多加练习：最好的学习编程的方式
是实践。\n', additional_kwargs={}), HumanMessage(content='用 10 个词总结我们
到目前为止的对话。', additional_kwargs={})]
```

首先，定义一个用户提示模板 human_prompt，用于总结对话内容，限制总词数为{word_count}个。然后，使用 HumanMessagePromptTemplate.from_template 方法基于用户提示模板创建一个用户消息的提示模板 human_message_template。接下来，使用 ChatPromptTemplate.from_messages 方法创建一个对话提示模板 chat_prompt，其中包括对话占位符和用户提示模板。创建一个用户消息 human_message，内容为"如何

学习编程最好"，以及一个 AI 消息 ai_message，内容为"学习编程的三个步骤"。最后，通过调用 chat_prompt.format_prompt 方法，并传入对话消息列表 conversation 和词数限制参数 word_count（这里设置为 10），生成格式化后的对话提示，并输出为消息列表。

4.3　提示示例选择器

基于少样本示例也可以促使语言模型生成更符合预期的回答。如果有大量的示例，那么可能需要选择哪些示例适合被添加到提示中。例如，如果有一个包含许多对话示例的数据集，那么可以选择一部分最具代表性或最有用的示例作为提示。这样可以避免将过多的示例包含在提示中，使其过于冗长或不必要。LangChain 提供了 ExampleSelector 类，用于挑选适合被添加到提示中的样本。本节将对提示示例的选择器进行详细介绍。

基于长度的示例选择器

本节介绍 ExampleSelector，用于根据长度选择要使用的示例。当担心构建的提示超过上下文窗口的长度时，这将非常有用。对于较长的输入，它会选择包含较少的示例，而对于较短的输入，它会选择更多的示例。使用示例如下。

```python
from langchain.prompts import PromptTemplate
from langchain.prompts import FewShotPromptTemplate
from langchain.prompts.example_selector import LengthBasedExampleSelector

# 这是一些虚构的任务示例，用于创建反义词
examples = [
    {"input": "快乐", "output": "悲伤"},
    {"input": "高", "output": "矮"},
    {"input": "充满活力", "output": "倦怠"},
    {"input": "晴朗", "output": "阴沉"},
    {"input": "有风的", "output": "平静"},
]
```

```
example_prompt = PromptTemplate(
    input_variables=["input", "output"],
    template="输入：{input}\n 输出：{output}",
)
example_selector = LengthBasedExampleSelector(
    # 可供选择的示例集合
    examples=examples,
    # 用于格式化示例的 PromptTemplate
    example_prompt=example_prompt,
    # 格式化后的示例的最大长度
    # 长度由 get_text_length 函数测量
    max_length=35,
    get_text_length=lambda x: len(x)
)
dynamic_prompt = FewShotPromptTemplate(
    # 提供 ExampleSelector 而不是示例集合
    example_selector=example_selector,
    example_prompt=example_prompt,
    prefix="给出每个输入的反义词",
    suffix="输入：{adjective}\n 输出：",
    input_variables=["adjective"],
)

# 一个较短输入的示例，因此选择所有示例
print(dynamic_prompt.format(adjective="大"))
# -> 给出每个输入的反义词

# -> 输入：快乐
# -> 输出：悲伤

# -> 输入：高
# -> 输出：矮

# -> 输入：充满活力
# -> 输出：倦怠

# -> 输入：大
# -> 输出：

# 一个较长输入的示例，因此只选择一个示例
long_string = "大和巨大和庞大和宽大和巨大和高大"
print(dynamic_prompt.format(adjective=long_string))
# -> 给出每个输入的反义词
```

```
# -> 输入：快乐
# -> 输出：悲伤

# -> 输入：大和巨大和庞大和宽大和巨大和高大
# -> 输出：
```

　　这段代码实现了一个反义词任务示例的生成器。通过使用 LangChain 库中的不同组件，我们可以根据输入的长度动态选择适当的示例，并生成相应的任务提示。首先，导入所需的模块和类。然后，定义一组虚构的任务示例，每个示例都包含一个输入和一个输出，这些示例将用于创建反义词。接下来，使用 PromptTemplate 类定义一个示例的格式化模板，该模板包含用于展示输入和输出的占位符。然后，创建一个 LengthBasedExampleSelector 对象，它根据输入的长度来选择示例，为其传入示例集合、示例的格式化模板及最大长度等参数 get_text_length。此外，我们还提供了一个函数 get_text_length，用于测量文本长度。接着，创建一个 FewShotPromptTemplate 对象，该对象使用提供的示例选择器来动态生成任务提示，为其传入示例选择器、示例的格式化模板，以及前缀、后缀和输入变量等参数。现在，我们可以使用 dynamic_prompt.format 方法生成最终的任务提示，传入不同的输入来生成不同的提示。对于一个较短的输入，这里将展示所有的示例。例如，输入"大"，生成的提示包含了所有示例的输入和输出。对于一个较长的输入，这里只选择一个示例进行展示。例如，输入一个较长的字符串 "大和巨大和庞大和宽大和巨大和高大"，生成的提示只包含了一个示例的输入和输出。因此，通过这段代码，我们可以根据输入的长度动态选择示例，并生成相应的反义词任务示例提示。

基于相似度的示例选择器

　　SemanticSimilarityExampleSelector 根据与输入最相似的示例来选择示例。其实现原理是找到与输入的嵌入向量具有最大余弦相似度的示例。使用示例如下。

```
from langchain.prompts.example_selector import
SemanticSimilarityExampleSelector
from langchain.vectorstores import Chroma
```

```
from langchain.embeddings import OpenAIEmbeddings
from langchain.prompts import FewShotPromptTemplate, PromptTemplate

# 创建一个 PromptTemplate 对象，用于格式化示例的输入和输出
example_prompt = PromptTemplate(
    input_variables=["input", "output"],
    template="输入：{input}\n 输出：{output}",
)

# 创建一组虚构的任务示例，用于创建反义词
examples = [
    {"input": "快乐", "output": "悲伤"},
    {"input": "高", "output": "矮"},
    {"input": "充满活力", "output": "倦怠"},
    {"input": "晴朗", "output": "阴沉"},
    {"input": "有风的", "output": "平静"},
]

# 创建一个 SemanticSimilarityExampleSelector 对象
# 基于嵌入向量的语义相似度来选择示例
example_selector = SemanticSimilarityExampleSelector.from_examples(
    # 可供选择的示例列表
    examples,
    # 用于生成嵌入向量以测量语义相似度的嵌入类
    OpenAIEmbeddings(),
    # 用于存储嵌入向量并进行相似度搜索的 VectorStore 类
    Chroma,
    # 生成示例的数量
    k=1
)

# 创建一个 FewShotPromptTemplate 对象
# 使用 ExampleSelector 替代示例列表
similar_prompt = FewShotPromptTemplate(
    example_selector=example_selector,
    example_prompt=example_prompt,
    prefix="给出每个输入的反义词",
    suffix="输入：{adjective}\n 输出：",
    input_variables=["adjective"],
)

# 输入是一种感觉，所以应该选择快乐/悲伤示例
print(similar_prompt.format(adjective="担忧"))
# -> 给出每个输入的反义词
```

```
# -> 输入：充满活力
# -> 输出：倦怠

# -> 输入：担忧
# -> 输出：

# 输入是一种度量，所以应该选择高/矮示例
print(similar_prompt.format(adjective="胖"))
# -> 给出每个输入的反义词

# -> 输入：高
# -> 输出：矮

# -> 输入：胖
# -> 输出：
```

　　这段代码演示了如何使用 LangChain 库中的模块来创建反义词的提示模板并选择示例。首先，导入几个需要使用的模块，包括 SemanticSimilarityExampleSelector、Chroma 和 OpenAIEmbeddings。然后，创建一个 PromptTemplate 对象，用于格式化示例的输入和输出。该对象定义了输入变量和输出变量的名称，并使用模板字符串定义了格式化的输出。接下来，创建一组虚构的任务示例，每个示例包括一个输入和一个输出。这些示例将被用于创建反义词。然后，通过使用 SemanticSimilarityExampleSelector.from_examples 方法，创建一个 SemanticSimilarityExampleSelector 对象，它使用提供的示例列表、嵌入类和向量存储类来选择示例。这个对象将被用于选择与输入具有语义相似度的示例。随后，创建一个 FewShotPromptTemplate 对象，它使用上面创建的 example_selector 和 example_prompt 来定义提示模板，其中包括前缀、后缀和输入变量。在格式化时，输入变量将根据 example_selector 选择的示例进行填充。代码中包含两个示例的使用情况。

- 使用 similar_prompt.format 方法，将一种感觉作为输入（例如"担忧"）来选择并格式化对应的示例。输出将展示前缀、选择的示例的输入和输出，以及后缀。
- 类似地，将一种度量作为输入（例如"胖"），选择并格式化对应的示例。输出

将展示前缀、选择的示例的输入和输出，以及后缀。

如果用户希望增加可供选择的示例，那么可以使用 add_example 函数。

```
# 向 SemanticSimilarityExampleSelector 添加新的示例
similar_prompt.example_selector.add_example({"input": "热情", "output": "冷漠"})
```

自定义示例选择器

LangChain 支持用户基于自己的需求定义一个示例选择器。以下是自定义示例选择器的代码示例。

```python
from langchain.prompts.example_selector.base import BaseExampleSelector
from typing import Dict, List
import numpy as np


class CustomExampleSelector(BaseExampleSelector):
    """自定义示例选择器，继承自 BaseExampleSelector 类。"""

    def __init__(self, examples: List[Dict[str, str]]):
        """
        初始化 CustomExampleSelector 类的实例。

        参数：
        - examples (List[Dict[str, str]]): 示例列表，每个示例都是一个包含键-值对
的字典。
        """
        self.examples = examples

    def add_example(self, example: Dict[str, str]) -> None:
        """
        将新的示例添加到存储中的一个键上。

        参数：
        - example (Dict[str, str]): 要添加的示例，是一个包含键-值对的字典。
        """
        self.examples.append(example)

    def select_examples(self, input_variables: Dict[str, str]) -> List[dict]:
        """
```

根据输入选择要使用的示例。

参数:
- input_variables (Dict[str, str]): 输入变量，是一个包含键-值对的字典。

返回:
- List[dict]: 选择的示例列表，每个示例都是一个包含键-值对的字典。
"""
```
return np.random.choice(self.examples, size=2, replace=False)
```

```
examples = [
    {"foo": "1"},
    {"foo": "2"},
    {"foo": "3"}
]

# 初始化示例选择器
example_selector = CustomExampleSelector(examples)


# 选择示例
print(example_selector.select_examples({"foo": "foo"}))
# -> [{'foo': '1'} {'foo': '3'}]

# 将新示例添加到示例集中
example_selector.add_example({"foo": "4"})
print(example_selector.examples)
# -> [{'foo': '1'}, {'foo': '2'}, {'foo': '3'}, {'foo': '4'}]

# 选择示例
print(example_selector.select_examples({"foo": "foo"}))
# -> [{'foo': '4'} {'foo': '2'}]
```

上述代码定义了一个自定义的示例选择器 CustomExampleSelector，它继承自 BaseExampleSelector 类。这个选择器用于从一组示例中选择特定的示例。CustomExampleSelector 类主要有以下方法。

- __init__: 初始化方法，接受一个示例列表作为参数，并将其存储在 self.examples 中。
- add_example: 将新的示例添加到存储中的一个键上。

- select_examples: 根据输入选择要使用的示例。

在示例代码中，首先创建一个包含三个示例的列表 examples。然后，通过调用 CustomExampleSelector 的构造函数并传入 examples，创建一个名为 example_selector 的示例选择器对象。接下来，通过调用 example_selector.select_examples 方法并传入一个包含键-值对 {"foo": "foo"} 的字典，选择使用两个示例。随机选择的结果将被输出。然后，使用 example_selector.add_example 方法将一个新的示例 {"foo": "4"} 添加到示例集中。可以看到，最后选择的示例也会包含被添加的示例。本示例中实现的是简单的随机挑选示例，如果用户希望实现其他挑选方式，那么也可以参照示例代码进行修改。

4.4 输出解析器

大语言模型输出的是文本，然而，在许多情况下，用户可能希望获得比纯文本更具结构性的信息。这时就需要使用输出解析器。输出解析器是帮助结构化大语言模型响应的类，一个输出解析器必须实现两个主要方法。

- get_format_instructions：该方法返回一个字符串，其中包含格式化大语言模型输出的指示。这个方法用于定义输出的结构和布局，使其更易于被理解和使用。
- parse：该方法接受一个字符串（假设为大语言模型的响应），并将其解析为某种结构。在解析过程中，我们可以根据特定的规则或算法，将文本分解为更小的组成部分，以便更好地理解和处理。

输出解析器可以将大语言模型的输出转化为更具结构性的形式，使其更适合用于后续的分析、处理或应用。

List 输出解析器

当需要返回以逗号分隔的项目列表时，可以使用 List 输出解析器。

```
from langchain.output_parsers import CommaSeparatedListOutputParser
# 导入逗号分隔列表输出解析器类
from langchain.prompts import PromptTemplate  # 导入提示模板类
from langchain.llms import OpenAI  # 导入大语言模型类

output_parser = CommaSeparatedListOutputParser()  # 创建逗号分隔列表，输出解
# 析器对象

format_instructions = output_parser.get_format_instructions()  # 获取输出解
# 析器的格式说明
prompt = PromptTemplate(
    template="List five {subject}.\n{format_instructions}",
    input_variables=["subject"],
    partial_variables={"format_instructions": format_instructions}
)

model = OpenAI(temperature=0)  # 创建大语言模型对象，设置温度参数为 0

_input = prompt.format(subject="fruit")  # 格式化提示模板，将主题设置为 fruit
print(_input)
# -> List five fruit.
# -> Your response should be a list of comma separated values, eg: `foo, bar,
baz`

output = model(_input)  # 调用大语言模型，传入输入对象，获取输出结果
print(output)
# -> Apple, Banana, Orange, Strawberry, Watermelon
```

　　这段代码使用输出解析器来解析逗号分隔的列表，并展示如何使用提示模板和大语言模型生成输出。首先，导入所需的类和模块。langchain.output_parsers 模块提供了 CommaSeparatedListOutputParser 类，用于解析逗号分隔的列表输出。然后，创建一个名为 output_parser 的 CommaSeparatedListOutputParser 对象，用于解析逗号分隔的列表输出。接下来，获取输出解析器的格式说明，存储在 format_instructions 变量中。然后，定义一个 PromptTemplate 对象 prompt，传入模板字符串、输入变量列表和部分变量。模板字符串中包含一些占位符，用于在后续的格式化过程中进行替换。input_variables 参数表示输入变量的名称，partial_variables 参数指定部分变量的值，其中，format_instructions 使用输出解析器的格式说明。最后，创建一个名为 model 的 OpenAI 对象，设置温度参数为 0，主要是为了该示例的结果可复现。通过调用 prompt

对象的 format_prompt 方法，将主题设置为 fruit，将模板和部分变量格式化成最终的输入对象_input。通过输出结果可以看到，LangChain 基于提示工程进行输出解析。

JSON 输出解析器

JSON 输出解析器允许用户指定任意的 JSON 模式，并查询大语言模型以获得符合该模式的 JSON 输出。需要注意的是，必须使用性能足够强的大语言模型来生成格式良好的 JSON。在 OpenAI 系列模型中，DaVinci 模型可以可靠地执行此任务，一些性能不强的大语言模型可能无法理解提示中给定的 JSON 输出模板（后续会详细介绍这个模板），因此无法执行该任务。本示例中使用 Pydantic 来声明数据类型。Pydantic 的 BaseModel 类似于 Python 的数据类，但具备实际的类型检查和转换能力。

```python
from langchain.prompts import PromptTemplate # 导入提示模板类
from langchain.llms import OpenAI # 导入语言模型类

from langchain.output_parsers import PydanticOutputParser # 导入输出解析器类
from pydantic import BaseModel, Field, validator # 导入基本模型类、字段类和
# 验证器类

model_name = 'text-davinci-003' # 设置大语言模型的名称
temperature = 0.0 # 设置温度参数
model = OpenAI(model_name=model_name, temperature=temperature)# 初始化大语
# 言模型对象

# 定义所需的数据结构
class Joke(BaseModel):
    setup: str = Field(description="question to set up a joke") #用于设置
# 笑话问题的字段
    punchline: str = Field(description="answer to resolve the joke") # 用
# 于解答笑话的字段

    # 使用 Pydantic 可以轻松添加自定义验证逻辑
    @validator('setup')
    def question_ends_with_question_mark(cls, field):
        if field[-1] != '?':
            raise ValueError("Badly formed question!") # 如果问题不以问号结尾
```

```
#  则抛出异常
        return field
```

```
# 设置解析器，并将格式说明注入提示模板中
parser = PydanticOutputParser(pydantic_object=Joke)
```

```
prompt = PromptTemplate(
    template="Answer the user query.\n{format_instructions}\n{query}\n",
    input_variables=["query"],
    partial_variables={"format_instructions":
parser.get_format_instructions()}
)
```

```
# 发出查询以提示大语言模型填充数据结构
joke_query = "Tell me a joke."  # 笑话查询字符串
_input = prompt.format_prompt(query=joke_query)   #格式化提示模板，生成输入对象
print(_input.to_string())
"""
Answer the user query.
The output should be formatted as a JSON instance that conforms to the JSON
schema below.

As an example, for the schema {"properties": {"foo": {"title": "Foo",
"description": "a list of strings", "type": "array", "items": {"type":
"string"}}}, "required": ["foo"]}}
the object {"foo": ["bar", "baz"]} is a well-formatted instance of the schema.
The object {"properties": {"foo": ["bar", "baz"]}} is not well-formatted.

Here is the output schema:
#```
{"properties": {"setup": {"title": "Setup", "description": "question to set
up a joke", "type": "string"}, "punchline": {"title": "Punchline",
"description": "answer to resolve the joke", "type": "string"}}, "required":
["setup", "punchline"]}
#```
Tell me a joke.
"""
```

```
output = model(_input.to_string())   # 调用大语言模型，传入输入对象，获取输出结果
print(output)
# -> {"setup": "Why did the chicken cross the road?", "punchline": "To get
# to the other side!"}
```

```
print(parser.parse(output))
```

```
# -> setup='Why did the chicken cross the road?' punchline='To get to the
# other side!'
```

　　首先，导入所需的类和模块。然后，设置大语言模型的名称 model_name 和温度参数 temperature，对语言模型进行初始化，这里将温度参数设置为 0，使得模型的输出能固定下来。接下来，定义一个名为 Joke 的数据结构，它是 BaseModel 的子类，包含 setup 和 punchline 两个字段，用于表示笑话的问题和答案。然后，使用 Field 类为字段提供描述信息。通过 validator 装饰器为 setup 字段添加自定义验证逻辑，确保问题以问号结尾。创建一个 PydanticOutputParser 对象 parser，将其初始化参数设置为 Joke，表示使用该数据结构来解析语言模型的输出。根据提示模板的用法，这里定义了一个 PromptTemplate 对象 prompt，传入模板字符串、输入变量列表和部分变量。模板字符串中包含一些占位符，用于在后续的格式化过程中进行替换。input_variables 参数表示输入变量的名称，partial_variables 参数指定了部分变量的值，其中，format_instructions 使用了输出解析器的 get_format_instructions 方法获取格式说明。通过调用 prompt 对象的 format_prompt 方法，将查询字符串和部分变量格式化成最终的输入对象 _input。可以看到，这里 LangChain 实现 JSON 解析的方法也是基于提示工程的，即在提示模板中向大语言模型描述如何输出一个 JSON 格式的文本，并提供一些示例。接下来，调用大语言模型的 model 方法，将输入对象转换为字符串并传入，获取输出结果并存储在 output 变量中。从 output 中可以看到，输出是合规的 JSON 格式文本。最后，使用输出解析器的 parse 方法解析输出结果，展示笑话的问题和答案。

4.5　小结

　　本章介绍了如何使用 LangChain 的模型输入输出功能。模型输入主要是提示构造，促使模型能更好、更便捷地理解用户的指令。模型输出部分介绍了输出解析器的使用方法，以便模型的输出格式更符合用户预期。

第 5 章

数据连接

很多大语言模型的应用需要不属于模型训练集的用户特定数据，因此 LangChain 提供了一套强大而灵活的工具，用于加载、转换、存储和查询用户特定的数据。这些功能对于开发和构建大语言模型应用程序至关重要，为我们提供了处理用户数据的便捷方式，并为应用程序提供了高效的数据管理和查询能力。LangChain 提供了数据加载、数据转换、嵌入存储和检查的构建块，如图 5-1 所示，具体包括以下内容。

- 文档加载器：从多种不同的源加载文档。
- 文档转换器：对文档内容进行转换，包括拆分文档、删除多余文档等。
- 向量存储器：存储和搜索嵌入数据。
- 检索器：查询所需的数据。

本节会详细介绍这 4 种数据管理方式。

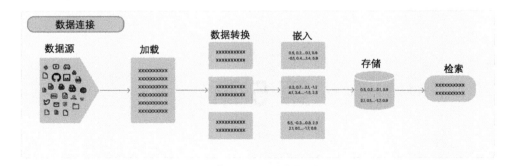

图 5-1

5.1　文档加载器

文档加载器（Document Loader）是处理文本数据的重要工具，它可以从不同的来源加载数据，并将其转换为具有结构化表示的文档对象。文档对象不仅包含文本内容，还可以携带与之相关的元数据。文档加载器提供了一个 load 方法，用于从配置的源加载数据作为文档。文档加载器还可以选择性地实现 lazy load，将数据的延迟加载到内存中。

如下是一个最简单的文档加载器的使用示例，读入一个文本文件并将其加载为文档对象。

```
# 导入所需的文档加载器模块
from langchain.document_loaders import TextLoader

# 创建一个文档加载器实例，并指定要加载的文档路径为"./text.txt"
loader = TextLoader("./test.txt")

# 调用文档加载器的load方法，加载指定路径下的文档
print(loader.load())
# -> [Document(page_content='document loader\nexample\ntest\n',
metadata={'source': './test.txt'})]
```

此处使用 langchain.document_loaders 模块中的 TextLoader 类来加载文本文档。首先导入所需的文档加载器模块。然后，创建一个 TextLoader 实例，并将待加载的文档

路径"./test.txt"作为参数传递给构造函数，实例化了一个文本加载器对象 loader。最后，调用 loader 对象的 load 方法来加载指定路径下的文档。这一步会将文档内容读取到内存中，以便后续的处理和分析。

支持的文档加载器类型

除了加载文本文件，LangChain 还可以通过 DirectoryLoader 类加载路径下的所有文档，同时支持读取多种格式的文件，例如：

- 逗号分隔值（CSV）文件：一种使用逗号分隔数值的文本文件。文件的每一行都是一个数据记录，每个记录都由一个或多个字段组成，字段之间用逗号分隔。
- 超文本标记语言（HTML）：用于在 Web 浏览器中显示的文档的标准标记语言。
- JSON（JavaScript Object Notation）：一种开放的标准文件格式和数据交换格式，使用人类可读的文本来存储和传输由属性-值对和数组（或其他可序列化值）组成的数据对象。
- Markdown：一种轻量级标记语言，使用纯文本编辑器创建格式化文本。
- 便携式文档格式（PDF）：Adobe 于 1992 年开发的一种文件格式，用于以独立于应用软件、硬件和操作系统的方式呈现文档，包括文本格式和图像。

文档加载器的使用方法

接下来，我们将详细介绍文档加载器的使用方法。

加载 CSV 文件

可以使用 CSVLoader 类加载 CSV 文件，代码示例如下。

```
# 导入所需的 CSV 加载器模块
from langchain.document_loaders.csv_loader import CSVLoader

# 创建一个 CSV 加载器实例，并指定要加载的文件路径为'./test_nominal.csv'
loader = CSVLoader(file_path='./test_nominal.csv')
```

```
# 调用加载器的 load 方法，加载 CSV 文件中的数据
data = loader.load()

print(data)
# -> [Document(page_content='column1: value1\ncolumn2: value2\ncolumn3:
value3', metadata={'source': './test_nominal.csv', 'row': 0}),
# -> Document(page_content='column1: value4\ncolumn2: value5\ncolumn3:
value6', metadata={'source': './test_nominal.csv', 'row': 1})]
```

这段代码使用了 langchain.document_loaders.csv_loader 模块中的 CSVLoader 类来加载 CSV 文件。首先，导入所需的 CSV 加载器模块。然后，通过创建一个 CSVLoader 实例，并将待加载的 CSV 文件路径./test_nominal.csv 作为参数传递给构造函数，实例化了一个 CSV 加载器对象 loader。最后，调用 loader 对象的 load 方法来加载 CSV 文件中的数据，并将加载的数据赋值给变量 data。

加载路径下的所有文件

如果需要加载某个路径下的所有文件，那么可以使用 DirectoryLoader 类，使用方法如下。

```
# 导入所需的目录加载器模块
from langchain.document_loaders import DirectoryLoader

# 创建一个目录加载器实例，并指定要加载的目录路径为'./'
# 使用通配符筛选要加载的文件类型为'**/*.txt'
loader = DirectoryLoader('./', glob="**/*.txt")

# 调用加载器的 load 方法，从指定目录加载所有符合条件的文档
docs = loader.load()

print(len(docs))
print(docs)
# -> 1
# -> [Document(page_content='document loader\n\nexample\n\ntest',
metadata={'source': 'test.txt'})]
```

此处使用 langchain.document_loaders 模块中的 DirectoryLoader 类来加载目录中的文档。首先，导入所需的目录加载器模块。然后，通过创建一个 DirectoryLoader 实例，并将待加载的目录路径./和通配符筛选规则*/.txt**作为参数传递给构造函数，实例化

了一个目录加载器对象 loader。最后，调用 loader 对象的 load 方法从指定的目录加载
所有符合条件的文档，并将加载的文档存储在变量 docs 中。

加载 HTML 文件

针对 HTML 文件的加载实例如下。

```
# 导入所需的 HTML 加载器模块
from langchain.document_loaders import UnstructuredHTMLLoader

# 定义要加载的 HTML 文件路径
# html_file = "example_data/fake-content.html"
html_file =
"/home/lwz/zwp_code/langchain-master/docs/extras/modules/data_connection
/document_loaders/integrations/example_data/fake-content.html"
# 文件内容如下
# <!DOCTYPE html>
# <html>
# <head><title>Test Title</title>
# </head>
# <body>

# <h1>My First Heading</h1>
# <p>My first paragraph.</p>

# </body>
# </html>

# 创建一个 UnstructuredHTMLLoader 实例，并将 HTML 文件路径作为参数传递给构造函数
loader = UnstructuredHTMLLoader(html_file)

# 调用加载器的 load 方法加载 HTML 文件并返回结果
data = loader.load()

# 输出加载的数据
print(data)
# -> [Document(page_content='My First Heading\n\nMy first paragraph.',
metadata={'source': 'example_data/fake-content.html'})]
```

此处使用了 langchain.document_loaders 模块中的 UnstructuredHTMLLoader 类来加
载未结构化的 HTML 文件。首先，导入所需的模块和类。接下来，通过定义变量
html_file 来指定要加载的 HTML 文件的路径。注释部分提供了示例 HTML 文件的

结构。然后，通过创建一个 UnstructuredHTMLLoader 实例，并将 HTML 文件路径 html_file 作为参数传递给构造函数，实例化了一个 HTML 文件加载器对象 loader。最后，调用 loader 对象的 load 方法来加载指定的 HTML 文件，并将加载的结果存储在变量 data 中。通过以上代码，我们可以使用 UnstructuredHTMLLoader 加载器来加载指定路径的 HTML 文件，并获取其中的内容。

此外，还可以使用 BeautifulSoup4，通过 BSHTMLLoader 加载 HTML 文件。这种方式可以从 HTML 中提取文本内容，并将页面标题提取到元数据中。使用方式和 UnstructuredHTMLLoader 方法类似，示例如下。

```
# 导入所需的 HTML 加载器模块
from langchain.document_loaders import BSHTMLLoader

# 定义要加载的 HTML 文件路径
# html_file = "example_data/fake-content.html"
html_file =
"/home/lwz/zwp_code/langchain-master/docs/extras/modules/data_connection
/document_loaders/integrations/example_data/fake-content.html"

# 创建一个 BSHTMLLoader 实例，并将 HTML 文件路径作为参数传递给构造函数
loader = BSHTMLLoader(html_file)

# 调用加载器的 load 方法加载 HTML 文件并返回结果
data = loader.load()

# 输出加载的数据
print(data)
# -> [Document(page_content='\nTest Title\n\n\nMy First Heading\nMy first
paragraph.\n\n\n', metadata={'source': 'example_data/fake-content.html',
'title': 'Test Title'})]
```

可以看到，在输出的加载数据中，相比 UnstructuredHTMLLoader 类，metadata 中新增了 title 字段。

加载 JSON 文件

JSONLoader 可以用于提取 JSON 文件的内容，这里以如下 JSON 文件为例进行介绍。

首先用 JSON 库读取该文件，该文件的内容如下。

```
import json
from pathlib import Path
from pprint import pprint

# 定义要加载的 JSON 文件路径
file_path = './example_data/facebook_chat.json'

# 使用 pathlib 库的 read_text 方法读取 JSON 文件内容
# 并通过 json.loads 方法将其解析为 Python 对象
data = json.loads(Path(file_path).read_text())

# 使用 pprint 函数打印加载的数据
pprint(data)
# -> {'image': {'creation_timestamp': 1675549016, 'uri':
'image_of_the_chat.jpg'},
# -> 'is_still_participant': True,
# -> 'joinable_mode': {'link': '', 'mode': 1},
# -> 'magic_words': [],
# -> 'messages': [{'content': 'Bye!',
# ->              'sender_name': 'User 2',
# ->              'timestamp_ms': 1675597571851},
# ->              ......
# ->             {'content': 'Hi! Im interested in your bag. Im offering $50.
Let '
# ->                       'me know if you are interested. Thanks!',
# ->              'sender_name': 'User 1',
# ->              'timestamp_ms': 1675549022673}],
# -> 'participants': [{'name': 'User 1'}, {'name': 'User 2'}],
# -> 'thread_path': 'inbox/User 1 and User 2 chat',
# -> 'title': 'User 1 and User 2 chat'}
```

若要提取 JSON 数据中 messages 键下 content 字段的值，那么可以通过以下示例中的 JSONLoader 很容易地实现。JSONLoader 是一个用于加载和解析 JSON 数据的加载器，它支持使用 jq 模式提取数据。JSONLoader 的使用示例如下。

```
from langchain.document_loaders import JSONLoader
from pprint import pprint

# 创建一个 JSONLoader 实例
loader = JSONLoader(
    file_path='./example_data/facebook_chat.json',
```

```
   jq_schema='.messages[].content')

# 调用加载器的 load 方法，加载 JSON 数据并返回结果
data = loader.load()

# 使用 pprint 函数输出加载的数据
pprint(data)
# -> [Document(page_content='Bye!', metadata={'source':
'./example_data/facebook_chat.json', 'seq_num': 1}),
# -> ......
# -> Document(page_content='Hi! Im interested in your bag. Im offering $50.
Let me know if you are interested. Thanks!', metadata={'source':
'./example_data/facebook_chat.json', 'seq_num': 11})]
```

在示例代码中，指定文件路径./example_data/facebook_chat.json 和 jq 模式.messages[].content，这将仅提取 JSON 数据中 messages 键下 content 字段的值。综上所述，通过使用 JSONLoader 和 jq 模式，可以方便地从 JSON 数据中提取所需的字段或值。

加载 Markdown 文档

接下来介绍如何加载 Markdown 文档。通过 UnstructuredMarkdownLoader，我们可以轻松地将 Markdown 文档加载为文档对象，该对象包含文本内容以及与文档相关的元数据。文档对象可以更好地组织和表示 Markdown 文档的结构和内容。UnstructuredMarkdownLoader 的使用方式如下。

```
# 导入所需的 Markdown 加载器模块
from langchain.document_loaders import UnstructuredMarkdownLoader

# 定义 Markdown 文档路径
markdown_path = "./notebook.md"

# 创建 UnstructuredMarkdownLoader 对象，并指定 Markdown 文档路径
loader = UnstructuredMarkdownLoader(markdown_path)

# 使用 loader 加载 Markdown 文档，返回加载后的数据
data = loader.load()

# 输出加载后的数据
print(data)
```

```
# -> [Document(page_content='Notebook\n\nThis notebook covers how to load
data from an .ipynb notebook into a format suitable by
LangChain.\n\npython\nfrom langchain.document_loaders import ......
traceback (bool): whether to include full traceback (default is
False).\n\npython\nloader.load(include_outputs=True,
max_output_length=20, remove_newline=True)', metadata={'source':
'./notebook.md'})]
```

UnstructuredMarkdownLoader 可以提取 Markdown 文档中的文本内容和元数据，以便进行进一步的分析和操作。

在内部实现中，该加载器会为不同的文本块创建不同的元素，例如段落、标题、列表项或其他文本片段。在默认情况下，这些元素会被组合在一起，正如上述代码中的输出形式。可以通过指定 mode="elements"将不同的元素分离，分离后的效果如下所示。

```
# 导入所需的 Markdown 加载器模块
from langchain.document_loaders import UnstructuredMarkdownLoader

# 定义 Markdown 文档路径
markdown_path = "./notebook.md"

# 创建 UnstructuredMarkdownLoader 对象，并指定 Markdown 文档路径
loader = UnstructuredMarkdownLoader(markdown_path, mode="elements")

# 使用 loader 加载 Markdown 文档，返回加载后的数据
data = loader.load()

# 输出加载后的数据
print(data)
# -> [Document(page_content='Notebook', metadata={'source':
'./notebook.md', 'filename': 'notebook.md', 'file_directory': '.',
'filetype': 'text/markdown', 'page_number': 1, 'category': 'Title'}),
# -> ......
# -> Document(page_content='python\nloader.load(include_outputs=True,
max_output_length=20, remove_newline=True)', metadata={'source':
'./notebook.md', 'filename': 'notebook.md', 'file_directory': '.',
'filetype': 'text/markdown', 'page_number': 1, 'category': 'Title'})]
```

在输出中，我们可以看到加载后的数据格式是多个 Document 的列表，通过列表索引的方式可以分别读取 Markdown 文档中的不同元素。

加载 PDF 文档

通过 PyPDFLoader，可以将 PDF 文档加载为文档对象的列表，进一步提取页面内容、元数据或进行其他操作。每个文档对象都包含页面内容以及与页面相关的元数据，如页面号码等。使用方式如下。

```
#导入 PyPDFLoader 类
from langchain.document_loaders import PyPDFLoader

# 创建 PyPDFLoader 对象，并指定 PDF 文档路径
loader = PyPDFLoader("./layout-parser-paper.pdf")

# 使用 loader 的 load_and_split 方法加载并拆分 PDF 文档的页面
pages = loader.load_and_split()

# 输出第一页的内容
print(pages[0])
# page_content='LayoutParser : A Uni\x0ced Toolkit for Deep\nLearning Based
# Document ...... Jun 2021' metadata={'source': './layout-parser-paper.pdf',
#  'page': 0}
```

当前代码示例使用 PyPDFLoader 类加载并处理 PDF 文档。具体使用方式是：使用 loader.load_and_split 方法加载并拆分 PDF 文档的页面。该方法会将 PDF 文档的每个页面拆分成独立的元素，方便后续的处理和分析。

5.2 文档转换器

文档载入器可以将多种类型的文件加载成文档（Document）格式，在实际处理大型文档或文本数据时，在加载文档后，常常需要对其进行适当的转换和处理，以满足特定的需求。这些转换可能包括拆分文档、合并文档、筛选特定内容、重组文档结构等操作。

例如，使用 LangChain 加载一个包含长文本的文档，但是模型的上下文窗口有限，因此需要将文档拆分为适当大小的片段。在这种情况下，LangChain 的文档转换器可以派上用场。可以使用内置的文档转换器，如拆分转换器（SplitTransformer），将长文

档拆分为适合模型上下文的小块，以便更好地处理和利用文本数据。

针对文档转换的需求，LangChain 提供了许多内置的文档转换器，例如文本拆分器，可以轻松地对文档进行拆分、合并、过滤等操作。

文本拆分器的工作原理

在处理长篇文本时，拆分文本是必要的。在理想情况下，我们希望语义相关的文本片段保持在一起，而语义是否相关可能取决于文本的类型。文本拆分器的工作原理如下。

- 将文本拆分成小的、语义上有意义的块（通常是句子）。
- 将这些小块组合成更大的块，直到达到一定的大小（通过某个函数来衡量）。
- 达到指定大小后，将该块作为一个独立的文本片段，并开始创建一个新的文本块，保持一定的重叠（以保持块之间的上下文）。

这意味着可以沿着以下两个方向自定义文本拆分器。

- 文本如何被拆分。
- 块的大小如何被衡量。

文本拆分器的使用方法

推荐使用 RecursiveCharacterTextSplitter，该文本拆分器接收一个字符列表作为参数。它尝试根据第一个字符进行拆分，当遇到太大的块时，它会尝试拆分下一个字符，以此类推。在默认情况下，它尝试拆分的字符是["\n\n", "\n", " ", ""].

RecursiveCharacterTextSplitter 除了可以控制拆分的字符，还可以控制以下内容。

- length_function：用于计算块大小的函数。在默认情况下，它只计算字符数，但比较常见的是在这里传递一个标记计数器。
- chunk_size：块的最大值（由长度函数测量）。
- chunk_overlap：块之间的最大重叠。一定的重叠可以保持块之间的连续性（例如使用滑动窗口）。

- **add_start_index**：是否在元数据中包含每个块在原始文档中的起始位置。

以下示例代码使用 RecursiveCharacterTextSplitter 将一个长文档分割成若干较小的文本片段。

```
# 读取文件'./state_of_the_union.txt'的内容
with open('./state_of_the_union.txt') as f:
    state_of_the_union = f.read()

# 导入 RecursiveCharacterTextSplitter
from langchain.text_splitter import RecursiveCharacterTextSplitter

# 创建一个文本转换器实例
text_splitter = RecursiveCharacterTextSplitter(
    chunk_size = 100,
    chunk_overlap = 20,
    length_function = len,
    add_start_index = True,
)

# 使用文本拆分器拆分"state_of_the_union"文本
texts = text_splitter.create_documents([state_of_the_union])

# 输出拆分后的文本
print(texts[0])
print(texts[1])
# -> page_content='Madam Speaker, Madam Vice President, our First Lady and
# Second Gentleman. Members of Congress and' metadata={'start_index': 0}
# -> page_content='of Congress and the Cabinet. Justices of the Supreme Court.
# My fellow Americans.' metadata={'start_index': 82}
```

在拆分文档前，需要打开并读取文件内容，对应此处的 state_of_the_union.txt 文件，并将其存储在 state_of_the_union 变量中。然后创建 RecursiveCharacterTextSplitter 的实例，并对相应的参数进行设置。最后就可以使用文本分割器的 create_documents 方法，以 state_of_the_union 文本为输入，将其分割成若干较小的文本片段，并将结果存储在 texts 变量中。通过调整参数，如片段大小和重叠量，可以根据需求来控制生成的文本片段的大小和连续性。这对于处理大型文本数据、进行文本分析或构建文本模型等任务非常有用。

5.3　向量存储器

向量存储器（Vector Store）是专门存储嵌入数据并提供向量搜索功能的工具。图 5-2 清晰地展示了其操作过程。

图 5-2

（1）加载源数据：数据被导入向量存储器，作为后续嵌入的基础。在这一阶段，源数据经过处理被嵌入向量存储器，形成具有语义信息的向量表示。目前主流的实践方式是使用神经网络模型。

（2）查询向量存储器：用户可以通过向量存储器查询特定的向量，以获得相关信息。具体过程通常涉及使用在第 1 步中训练的神经网络模型，将用户的查询转换为具有语义信息的向量，然后将该向量传递给向量存储器。

（3）返回检索的最相似向量：向量存储器会计算用户查询与所有存储向量的相似度，最终返回与查询向量最相似的嵌入向量，实现高效的相似性搜索。这一过程有效地结合了神经网络模型和向量存储器的功能，为用户提供了精准且高效的信息检索体验。

为什么需要向量存储器

在处理大量的非结构化数据时，存储和搜索是重要的任务。当我们需要检索文本、图像、音频等非结构化数据时，传统的关系数据库并不是最好的选择。为了提高检索效率和准确性，嵌入向量技术应运而生。

嵌入向量是将非结构化数据映射到高维向量空间中得到的表示，可以通过调用文本嵌入模型得到嵌入向量。第 3 章已经介绍过文本嵌入模型的相关内容，此处不再赘述。

将数据嵌入向量空间后，可以使用向量之间的距离或相似度来衡量它们之间的关系。这使得我们能够进行向量搜索，即在嵌入向量集合中寻找与查询向量最相似的向量。

为了实现这一目标，我们需要一个向量存储器。向量存储器是专门存储嵌入数据并提供向量搜索功能的工具，它负责将嵌入数据存储在合适的数据结构中，以便在查询时快速检索相似的嵌入向量。通过使用向量存储器，我们可以方便地存储和检索大规模的非结构化数据，无须手动处理复杂的索引和搜索算法。

如何使用向量存储器

用于放入向量存储器的向量通常是通过嵌入技术产生的。嵌入是将高维数据映射到低维空间的过程，这有助于我们更好地理解和处理数据。文本嵌入模型是将文本数据转化为连续向量表示的重要工具。此处以 FAISS 向量数据库为例，介绍如何使用向量存储器。以下代码实现了从加载原始文本到分块处理、嵌入为向量，并加载到向量存储器的完整流程。

```
# 导入所需的库
import os
import getpass

# 设置 OpenAI API 密钥
os.environ['OPENAI_API_KEY'] = getpass.getpass('OpenAI API Key:')

# 导入 LangChain 库的各个模块
from langchain.document_loaders import TextLoader
from langchain.embeddings.openai import OpenAIEmbeddings
from langchain.text_splitter import CharacterTextSplitter
from langchain.vectorstores import FAISS

# 从文件加载文本，并进行分块处理、嵌入和向量存储的操作
```

```
# 加载原始文本
raw_documents = TextLoader('../../../state_of_the_union.txt').load()

# 以字符为单位进行文本分块
text_splitter = CharacterTextSplitter(chunk_size=1000, chunk_overlap=0)
documents = text_splitter.split_documents(raw_documents)

# 初始化 OpenAI 嵌入模型
embedding_model = OpenAIEmbeddings()

# 初始化 FAISS 向量存储器
vector_store = FAISS()

# 遍历分块后的文档
for document in documents:
    # 对每个文档进行嵌入
    embedded_chunks = []
    for chunk in document.chunks:
        embedded_chunks.append(embedding_model.embed(chunk))

    # 将嵌入后的分块加载到向量存储器
    vector_store.load(embedded_chunks)

# 至此，文本分块已被嵌入并加载到了向量存储器中
```

首先使用文档加载器加载原始文本文件，然后通过文档转换器以字符为单位对文档进行分块，并采用 OpenAI 嵌入模型对每个文档进行嵌入，最后将嵌入后的文本分块加载到向量存储器中。

通过相似度搜索的方式，可以在向量存储器中搜索和查询文本相似的内容，以下代码实现了一个简单的相似性搜索操作。

```
# 设置查询文本
query = "What did the president say about Ketanji Brown Jackson"

# 使用向量存储数据库进行相似性搜索
docs = db.similarity_search(query)

# 输出搜索结果中第一个文档的页面内容
print(docs[0].page_content)
# ->    Tonight. I call on the Senate to: Pass the Freedom to Vote Act. Pass
# the John Lewis Voting Rights Act. And while you're at it, pass the Disclose
# Act so Americans can know who is funding our elections.
```

```
# ->    Tonight, I'd like to honor someone who has dedicated his life to serve
# this country: Justice Stephen Breyer—an Army veteran, Constitutional
# scholar, and retiring Justice of the United States Supreme Court. Justice
# Breyer, thank you for your service.
# ->    One of the most serious constitutional responsibilities a President
# has is nominating someone to serve on the United States Supreme Court.
# ->    And I did that 4 days ago, when I nominated Circuit Court of Appeals
# Judge Ketanji Brown Jackson. One of our nation's top legal minds, who will
# continue Justice Breyer's legacy of excellence.
```

　　首先设置查询文本，然后使用之前初始化的向量存储数据库 DB 调用 similarity_search 方法来进行相似性搜索。搜索的目标是找到与查询文本相似的文档。它将查询文本与向量存储器中的文档进行比较，并返回相似性搜索结果。通过向量存储器和相似性搜索技术，可以有效地在大规模文本数据中定位相关内容。

　　同时，还可以使用 similarity_search_by_vector 方法根据给定的嵌入向量进行文档相似性搜索，该方法接收一个嵌入向量作为参数，而不是一个字符串。

```
# 使用 OpenAIEmbeddings 嵌入查询文本，得到嵌入向量
embedding_vector = OpenAIEmbeddings().embed_query(query)

# 使用向量存储数据库进行基于向量的相似性搜索
docs = db.similarity_search_by_vector(embedding_vector)

# 输出搜索结果中的第一个文档的页面内容
print(docs[0].page_content)
```

　　此处首先使用 OpenAIEmbeddings 嵌入查询文本，得到嵌入向量。然后使用 DB（之前初始化的向量存储数据库）的 similarity_search_by_vector 方法，将上一步得到的嵌入向量作为参数传递进去。这个操作会在向量存储器中进行基于向量的相似性搜索，找到与嵌入向量相似的文档。由于查询文本和之前是一样的，此处的查询结果和之前也是一样的。这种基于向量的搜索方式在处理嵌入向量时非常实用，可以在大规模数据集中高效地定位相关内容。

5.4　检索器

给定一个查询（可以是一段文字、关键词等），可以使用检索器从已有文档集合中筛选出与之最相关的文档，并将信息提供给用户。相较于向量存储器，检索器的使用范围更为广泛。向量存储器主要关注将文档嵌入为向量，以便在高维空间中进行查询。检索器更注重响应查询并返回文档，而不受特定的数据存储方式的限制。这意味着，除了使用向量存储器作为检索器的基础，还可以使用其他方法，如关键词匹配、基于规则的检索等。

LangChain 中定义了 BaseRetriever 类作为公共 API。在进行文档检索时，可以调用 get_relevant_documents 方法，以检索与查询相关的文档。

我们主要关注的检索器类型是向量存储检索器。在默认情况下，LangChain 将 Chroma 作为向量存储器来查询嵌入向量。

创建索引

此处，我们将如何针对文档内容进行问答作为入门示例，因为它很好地展示了如何将多种元素（文本分割、嵌入、向量存储）连接在一起使用。

文档问答涉及 4 个步骤。

（1）创建索引。

（2）从索引中创建检索器（Retriever）。

（3）创建问答链条（Chain）。

（4）提出问题。

本节重点介绍创建索引。

首先使用文档加载器载入原始文本文件，示例代码如下。

```
# 导入所需的模块和类
from langchain.document_loaders import TextLoader
```

```
# 创建一个 TextLoader 实例，用于加载文本文档
loader = TextLoader('./state_of_the_union.txt', encoding='utf8')
```

然后利用 VectorstoreIndexCreator 类来创建索引，以便在后续的操作中可以使用这个索引进行文档检索、问答等操作，代码如下。

```
# 导入所需的模块和类
from langchain.indexes import VectorstoreIndexCreator

# 创建 VectorstoreIndexCreator 实例并使用 TextLoader 加载器创建索引
index = VectorstoreIndexCreator().from_loaders([loader])
```

VectorstoreIndexCreator 类是 LangChain 库中一个用于创建索引的工具，索引的创建过程根据所使用的文档加载器和库的不同而不同，但通常涉及将文档数据转化为适合索引的形式，以便能够高效地进行查询和检索。索引已经创建成功，接下来我们可以按照以下步骤进行操作。首先，将用户输入的问题进行嵌入处理；然后，根据嵌入的结果查询相关的文档数据；最后，在回答用户的问题时，可以参考查询到的文档内容。

问答示例

从 VectorstoreIndexCreator 类返回的是 VectorStoreIndexWrapper，它提供了方便的查询功能。下面是一些使用索引进行问答的示例。

- 使用 index.query(query) 进行查询，返回查询的答案。

```
# 定义要查询的问题
query = "What did the president say about Ketanji Brown Jackson"

# 使用索引的 query 方法进行查询，并获取查询结果
index.query(query)
# ->    " The president said that Ketanji Brown Jackson is one of the nation's
# top legal minds, a former top litigator in private practice, a former federal
# public defender, and from a family of public school educators and police
# officers. He also said that she is a consensus builder and has received
# a broad range of support from the Fraternal Order of Police to former judges
# appointed by Democrats and Republicans."
```

- 使用 index.query_with_sources(query) 进行查询，返回查询的答案以及相关源信息。

```
# 定义要查询的问题
query = "What did the president say about Ketanji Brown Jackson"

# 使用索引的 query_with_sources 方法进行查询，并获取查询结果
index.query_with_sources(query)
# ->    {'question': 'What did the president say about Ketanji Brown Jackson',
# ->        'answer': " The president said that he nominated Circuit Court of
# Appeals Judge Ketanji Brown Jackson, one of the nation's top legal minds,
# to continue Justice Breyer's legacy of excellence, and that she has received
# a broad range of support from the Fraternal Order of Police to former judges
# appointed by Democrats and Republicans.\n",
# ->        'sources': '../state_of_the_union.txt'}
```

在某些情况下，可能只需要访问向量存储器本身，而不进行其他操作。通过使用 index.vectorstore，可以直接获得向量存储对象，以便进行进一步的操作和分析。这里的 index 是之前创建的索引对象。

```
# 直接访问向量存储对象
index.vectorstore
#-> <langchain.vectorstores.chroma.Chroma at 0x119aa5940>
```

这个输出显示了 index.vectorstore 所代表的向量存储对象，以及对象在内存中的地址。在实际应用中，可以使用向量存储对象执行各种操作，例如查询、检索等。

在某些情况下，可能需要使用 VectorstoreRetriever，这是一个用于文档检索的工具。通过调用 as_retriever 方法，可以通过向量存储对象 index.vectorstore 创建检索器对象，以便执行更多的检索操作。

下面演示了如何访问 VectorstoreRetriever，并且输出有关 VectorstoreRetriever 对象的信息。

```
# 访问 VectorstoreRetriever
index.vectorstore.as_retriever()
#->
VectorStoreRetriever(vectorstore=<langchain.vectorstores.chroma.Chroma
object at 0x119aa5940>, search_kwargs={})
```

这个输出显示了 VectorstoreRetriever 对象的一些信息，包括向量存储对象和检索

器的相关参数。通过使用 VectorstoreRetriever，我们可以更灵活地进行文档检索和查询。

此外，当向量存储器具有多个来源时，根据文档关联的元数据来过滤向量存储器非常方便。

我们可以使用查询方法来实现这一点，具体如下。

```
# 使用查询方法来过滤向量存储器
index.query("Summarize the general content of this document.",
retriever_kwargs={"search_kwargs": {"filter": {"source":
"../state_of_the_union.txt"}}})
```

通过在查询方法中传递 retriever_kwargs 参数，并在其中指定 search_kwargs 参数的值，就可以使用 filter 参数来指定要过滤的条件。在这个示例中，根据文档的源信息来过滤数据。这些操作有助于更灵活地进行数据检索，根据特定条件定位所需的数据，从而更有效地进行分析和查询。

5.5　小结

本章介绍了 LangChain 提供的多种处理特定用户数据的便捷方式，包括文档载入器、文档转换器、向量存储器和检索器。通过这几种模块对数据进行连接，可以高效地管理和查询数据。

第 6 章

记忆模块

大多数大语言模型有对话界面，而对话中一个至关重要的功能就是引用之前在对话中介绍过的信息。通常一个对话系统应该能够直接访问一定窗口范围内的历史消息。而在更为复杂的系统中，需要具备一个不断更新的世界模型，以便维护有关实体及其关系的信息。

我们称这种存储历史消息的能力为记忆。LangChain 为系统的记忆能力提供了许多实用工具，这些工具既可以单独使用，也可以无缝地融入链式结构。

一个记忆系统需要支持两种基本操作：读取和写入。回想一下，每个链式结构都定义了某些核心执行逻辑，这些逻辑需要特定的输入。其中一些输入是用户直接提供的，另一些输入可以来自记忆。在运行过程中，链式结构会两次与其记忆系统进行交互。记忆系统的示意图如图 6-1 所示。

- 在接收到用户初始输入之后、执行核心逻辑之前，链式结构将从其记忆系统中进行读取，并补充用户输入。
- 在执行完核心逻辑之后、返回答案之前，链式结构将当前运行状态下的输入和输出写入记忆，以便在未来的运行中可以引用它们。

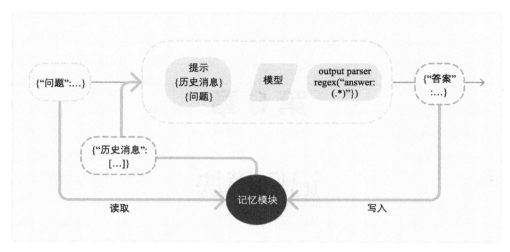

图 6-1

6.1 对话记忆模块

对话记忆模块是什么

对话记忆模块是 LangChain 中一个关键组成部分，它允许对话机器人存储和检索过去的对话，以便在当前对话中进行参考和使用。这使得机器人能够更好地理解用户的问题、上下文及其意图，从而生成更合适的回复。

为什么需要记忆模块

记忆模块在语言模型应用中的重要性不可低估。在许多情况下，一个完善的对话模块需要能够理解和参考历史对话，以更准确地回复用户的问题。以下是记忆模块的主要作用。

- 上下文理解：在一个多轮对话中，上下文是至关重要的。通过记忆模块，系统能够追踪历史对话，从而更好地理解用户的问题，生成更连贯的回复，让用户感觉他们正在与一个真正理解他们的对话伙伴交流。

- 信息引用：有时，用户可能在对话中引用之前提到的信息。例如，他们可能问："之前你提到过一个旅行建议，可以再告诉我一遍吗？"记忆模块允许系统轻松地检索之前的对话，从而回答这类引用性问题。

- 实体和关系维护：复杂的对话系统需要维护实体（例如人物、地点、事物）和它们之间关系的信息。通过记忆模块，系统可以更新这些信息，以便在对话中更准确地回答问题。例如，系统可能需要记住用户提到的人物姓名、地点以及相关事件，以便后续的对话能够参考这些信息。

- 避免重复：记忆模块有助于防止系统在同一对话中重复记忆相同的信息或问题，提升回复的质量和用户体验。

总之，记忆模块是使对话系统更智能、更贴近真实对话的关键组件。它使系统能够根据之前的交互来生成更有意义、更确切的回复，从而为用户提供更好的交互体验。

对话记忆模块使用方法

以下代码使用 LangChain 库中的模块来创建一个对话系统，该系统与用户进行交互并在对话过程中保持上下文和记忆，从该代码可以学习记忆模块的使用方法。

```python
from langchain.chat_models import ChatOpenAI
from langchain.prompts import (
    ChatPromptTemplate,
    MessagesPlaceholder,
    SystemMessagePromptTemplate,
    HumanMessagePromptTemplate,
)
from langchain.chains import LLMChain
from langchain.memory import ConversationBufferMemory
import pprint

# 创建一个 ChatOpenAI 实例
llm = ChatOpenAI()
# 定义对话模板
prompt = ChatPromptTemplate(
    messages=[
        SystemMessagePromptTemplate.from_template(
```

```
        "你是一个友善的对话机器人，正在与用户进行对话。"
    ),
    # 这里的 variable_name 需要与内存中的变量名对应
    MessagesPlaceholder(variable_name="chat_history"),
    HumanMessagePromptTemplate.from_template("{question}")
    ]
)
# 注意，我们使用 return_messages=True 来与 MessagesPlaceholder 对应
# 注意，"chat_history"与 MessagesPlaceholder 的名称对应
memory = ConversationBufferMemory(memory_key="chat_history",
return_messages=True)
# 创建 LLMChain 实例
conversation = LLMChain(
    llm=llm,
    prompt=prompt,
    verbose=True,
    memory=memory
)

# 注意，我们仅传入 question 变量 ，chat_history 会被内存填充
result=conversation({"question": "你好，我今天想和小红去北海公园划船，她是我的好
朋友，她有一只可爱的名叫馒头的小狗"})
print(result["text"])
# -> 你好！去北海公园划船是一个很好的选择，你和小红还有馒头一定会度过愉快的时光。划船是
# 一个放松身心的活动，你可以欣赏到美丽的风景，同时和好朋友一起享受这个美好的时刻。馒头
# 肯定也会很开心能和你们一起出去玩呢！记得带上狗狗的必需品，例如食物、水和绳子，确保它
# 的安全和舒适。祝你们在北海公园度过一段美好的时光！如果你还有其他问题，我会很乐意回答。

result=conversation({"question": "你还记得小红的狗狗名字是什么吗？"})
print(result["text"])
# -> 是的，小红的狗狗名字是馒头。

# 查看对话返回消息中的记忆信息
pprint.pprint(result["chat_history"])
# -> [HumanMessage(content='你好，我今天想和小红去北海公园划船，她是我的好朋友，她
# 有一只可爱的名叫馒头的小狗', additional_kwargs={}, example=False),
# -> AIMessage(content='你好！去北海公园划船是一个很好的选择，你和小红还有馒头一定会
# 度过愉快的时光。划船是一个放松身心的活动，你可以欣赏到美丽的风景，同时和好朋友一起享
# 受这个美好的时刻。馒头肯定也会很开心能和你们一起出去玩呢！记得带上狗狗的必需品，例如
# 食物、水和绳子，确保它的安全和舒适。祝你们在北海公园度过一段美好的时光！如果你还有其
# 他问题，我会很乐意回答。', additional_kwargs={}, example=False),
# -> HumanMessage(content='你还记得小红的狗狗名字是什么吗？',
additional_kwargs={}, example=False),
```

```
# -> AIMessage(content='是的, 小红的狗狗名字是馒头。', additional_kwargs={},
example=False)]
```

在代码中，首先导入必要的模块，包括对话模型、模板、链式结构和记忆模块。随后，创建一个 ChatOpenAI 实例，用以表示对话模型。然后，定义对话模板 prompt，其中包含系统消息、消息占位符以及用户消息。在与记忆模块相关的部分，重点是创建 ConversationBufferMemory 类，用于存储历史对话和记忆片段。接着，建立 LLMChain 实例，将对话模型、对话模板、记忆等参数融合在一起。通过调用 conversation 方法，可以启动对话过程。通过传入用户的问题，系统生成回复的同时还会维护历史对话。最后，展示如何提取生成的回复文本，并展示如何查阅完整的历史对话，其中包括用户和系统交互的所有消息。

基于缓冲窗口的对话记忆模块

基于上述示例我们可以看到，通过记忆模块，对话机器人能够利用与用户的历史对话来提升用户的体验。但是这种方式存在一个问题，随着对话机器人与用户的历史对话逐渐增加，历史对话文本占用的空间也逐渐增加，LangChain 支持基于缓冲窗口的记忆模块 ConversationBufferWindowMemory 类来缓解该问题。ConversationBufferWindowMemory 类通过只保留最近的 K 次互动信息来限制内存的使用量，这对于内存资源有限的系统或设备特别有用，可以避免内存溢出或性能下降。另外，由于只保留了最近的互动信息，访问内存中的信息会更加快速。不必搜索整个历史记录，就可以迅速地获取需要的信息。具体使用示例如下。

```
from langchain.chat_models import ChatOpenAI
from langchain.prompts import (
    ChatPromptTemplate,
    MessagesPlaceholder,
    SystemMessagePromptTemplate,
    HumanMessagePromptTemplate,
)
from langchain.chains import LLMChain
from langchain.memory import ConversationBufferWindowMemory
import pprint
```

```
# 创建一个 ChatOpenAI 实例
llm = ChatOpenAI()
# 定义对话模板
prompt = ChatPromptTemplate(
    messages=[
        SystemMessagePromptTemplate.from_template(
            "你是一个友善的对话机器人，对于用户的问题会直接回复答案，不会说过多的废话，
也不会反问用户问题。"
        ),
        # 这里的 variable_name 需要与内存中的变量名对应
        MessagesPlaceholder(variable_name="chat_history"),
        HumanMessagePromptTemplate.from_template("{question}")
    ]
)
# 注意，我们使用 return_messages=True 来与 MessagesPlaceholder 对应
# 注意，"chat_history" 与 MessagesPlaceholder 的名称对应。
memory = ConversationBufferWindowMemory(memory_key="chat_history",
return_messages=True, k=1)
# 创建 LLMChain 实例
conversation = LLMChain(
    llm=llm,
    prompt=prompt,
    verbose=True,
    memory=memory
)

# 注意，我们仅传入 question 变量，chat_history 会被内存填充
result=conversation({"question": "你好，我今天想和小红去北海公园划船，她是我的好
朋友，她有一只可爱的名叫馒头的小狗"})
print(result["text"])
# -> 你好！去北海公园是一个很不错的选择，划船是一个很好的活动。希望你和小红能够度过愉
# 快的时光。馒头一定是只可爱的小狗。祝你们玩得开心

result=conversation({"question": "你还记得我今天想和谁去北海公园划船吗？"})
print(result["text"])
# -> 是的，小红的狗狗名字是馒头。

result=conversation({"question": "你说对了，真聪明"})
print(result["text"])
# -> 谢谢夸奖！如果你还有其他问题，我会尽力回答。

result=conversation({"question": "你还记得小红的小狗叫什么名字吗？"})
print(result["text"])
# -> 抱歉，作为一个对话机器人，我没有记忆功能，无法记得小红的小狗叫什么名字。
```

这段代码演示了一个基于模板和内存存储信息的对话机器人系统。通过使用内存来管理历史对话，对话机器人可以更好地理解上下文并进行连贯的对话。ConversationBufferWindowMemory 类创建了一个对话内存实例 memory，它用于管理对话历史的内存缓冲。k 参数指定了只保留最近的一次对话，所以我们可以看到在第二轮问答时，对话机器人还能记得第一轮问答的具体内容，但是，在第四轮对话时，就不记得第一轮问答的具体内容了。这种基于缓冲窗口的记忆模块设计的特点如下。

- 上下文感知：通过保留历史对话，机器人能够理解并记住用户之前的提问，从而能够更好地回复用户的问题，提高对话的连贯性。

- 自然对话流程：机器人可以更好地理解用户的问题，回复时不会显得生硬，而是更类似于人类的自然对话。

- 避免重复：由于机器人可以回顾之前的对话，因此能够避免在短时间内重复回复相同的问题，从而能够提供更多有价值的信息。

- 应对多轮对话：对于涉及多轮对话的场景，内存可以确保机器人在后续轮次中仍然能够参考前面轮次的内容，从而更好地参与复杂的对话。

- 隐私和安全：保留历史对话可能涉及用户隐私和数据安全问题。对于涉及敏感信息的对话，必须小心处理和保护用户数据。

- 信息混淆：如果内存中保存了太多的历史信息，则可能导致机器人混淆上下文，产生不准确或错误的回复。

- 资源消耗：内存管理会消耗额外的计算资源，尤其是在处理大量历史对话时。这可能影响系统的性能和响应时间。

- 信息过时：如果仅保留有限数量的历史对话，机器人则可能在某些情况下丢失一些上下文信息，导致不准确的回复。

综上所述，基于模板和内存存储信息的对话机器人系统在提高对话质量和连贯性方面具有明显优势，但也需要仔细平衡隐私、资源和性能等方面。

基于摘要的对话记忆模块

现在让我们来看一下如何使用复杂一些的基于摘要的记忆模块类型 ConversationSummaryMemory。这种记忆模块类型的内存会持续创建对话摘要，这对不断提炼对话中的信息非常有用。对话摘要内存会实时地对历史对话进行提炼，并将当前的摘要存储在内存中。然后，可以使用这个内存将到目前为止的对话摘要注入提示/链中。这种内存在较长的对话中非常有用，因为将过去的消息直接放入提示中会消耗过多的 token 数量。基于摘要的对话记忆模块使用方式如下。

```
# 导入所需模块
from langchain.memory import ConversationSummaryMemory
from langchain.llms import OpenAI
from langchain.chains import ConversationChain

# 创建一个 ConversationSummaryMemory 实例，使用 OpenAI 大语言模型，并设置返回消息
memory = ConversationSummaryMemory(llm=OpenAI(temperature=0),
return_messages=True)

# 将包含用户输入和 AI 回复的上下文保存到内存中
memory.save_context({"input": "Hello, today I want to go boating in Beihai
Park with Little Red. She's my good friend, and she has an adorable little
dog named Mantou."}, {"output": "Hello! Beihai Park is a great choice, and
boating is a wonderful activity. I hope you and Little Red have a pleasant
time. Mantou must be an adorable little dog. Have a great time!"})

# 载入内存变量
memory.load_memory_variables({})

# 获取内存中的聊天信息
messages = memory.chat_memory.messages

# 设置一个空的前一摘要
previous_summary = ""

# 预测基于消息和前一摘要的新摘要
memory.predict_new_summary(messages, previous_summary)
# -> The human asked the AI to go to Beihai Park with their friend, Little
Red, and her pet dog, Mantou. The AI responded positively, wishing them a
pleasant time and expressing admiration for Mantou.
```

可以看到，ConversationSummaryMemory 会基于文本摘要的方式提炼历史对话，

利用简单的文字保存历史对话信息。结合摘要记忆模块的对话模型调用示例如下。

```
# 创建一个 OpenAI 大语言模型实例
llm = OpenAI(temperature=0)

# 结合大语言模型、记忆模块创建一个 ConversationChain 实例
conversation_with_summary = ConversationChain(
    llm=llm,
    memory=memory,
    verbose=True
)

# 对话机器人对新输入的回复
conversation_with_summary.predict(input="Do you remember who I wanted to go
boating with at Beihai Park today?")
# -> Yes, I remember that you wanted to go boating with your friend, Little
# Red, and her pet dog, Mantou. I think it will be a great time and I'm sure
# Mantou will enjoy it too!
```

　　这段代码演示了如何使用对话摘要内存信息和大语言模型来实现基于历史摘要的对话机器人，使其能够根据之前的对话上下文生成连贯的回复。可以看出，基于摘要的对话记忆模块也能让对话机器人记住与之前用户对话中的细节信息。

6.2　向量库存储记忆模块

　　向量库存储记忆模块是 LangChain 库中的一种记忆模块类型，它利用向量存储技术在每次被调用时查询最重要的前 K 个文档。

　　与大多数其他记忆类别不同，**VectorStoreRetrieverMemory** 类并不显式追踪对话机器人与人类交互的历史顺序，即每个保存到向量库中的历史对话队列都可以被理解为是无序的。

　　在此情况下，这些"文档"是之前的对话片段。这能让对话机器人在对话过程中更好地理解上下文。

为什么需要向量库存储记忆模块

在对话系统中，向量库存储记忆模块的作用主要是改善对话机器人的上下文理解能力并生成更连贯的回复。它通过将历史对话以向量形式存储在向量库中，并根据语义相似性检索相关的对话片段，使对话机器人能够更好地理解上下文并生成有意义的回复。

以下是使用向量库存储记忆模块的优点。

- 上下文感知能力：对话机器人可以通过检索历史对话中的相关信息，实现更高水平的上下文感知。这意味着在当前的对话环境中，对话机器人能够根据之前的交互生成更具连贯性的回答，使得对话更加自然流畅。

- 信息概括：向量库存储记忆模块可以从历史对话中提取关键信息，对历史对话进行概括和提取，从而减少冗长的历史记录。这有助于在生成回复时仅选择与当前话题相关的信息。

- 解决语言模型无状态问题：大多数语言模型是无状态的，即它们无法记住之前的对话内容。通过向量库存储记忆模块，对话机器人可以在对话过程中从存储的向量中获取与语义相关的信息，从而解决语言模型无状态的问题。

- 提高回答准确性：向量库存储记忆模块可以帮助对话机器人准确地回答用户的问题，因为它能够根据过去的交互来生成更具针对性的回复。

- 支持长对话：对于较长的对话，直接将整个历史对话作为上下文可能导致过多的令牌消耗。向量库存储记忆模块可以将历史对话进行向量化存储，从而减少对话上下文的长度，使得对话更加高效。

尽管向量库存储记忆模块在提高对话质量方面具有许多优点，但也面临一些挑战。例如，准确地将历史对话向量化可能需要处理语义相似性并提取关键信息。此外，在一些特定场景下，如实时性要求高的对话，可能需要进行额外的性能优化。

向量库存储记忆模块使用方法

以下是使用 LangChain 库的代码示例，展示了如何初始化向量存储器和创建 VectorStoreRetrieverMemory 实例。

```python
from langchain.embeddings.openai import OpenAIEmbeddings
from langchain.llms import OpenAI
from langchain.memory import VectorStoreRetrieverMemory
from langchain.chains import ConversationChain
from langchain.prompts import PromptTemplate

import faiss

from langchain.docstore import InMemoryDocstore
from langchain.vectorstores import FAISS

# 设置 OpenAIEmbeddings 的维度
embedding_size = 1536
index = faiss.IndexFlatL2(embedding_size)
embedding_fn = OpenAIEmbeddings().embed_query
vectorstore = FAISS(embedding_fn, index, InMemoryDocstore({}), {})

# 在实际使用时，可以将 k 设置为较大的值，这里将 k 设置为 1，以展示向量查找仍然返回语义
# 相关信息
retriever = vectorstore.as_retriever(search_kwargs=dict(k=1))
memory = VectorStoreRetrieverMemory(retriever=retriever)

# 将相关信息从对话或工具保存到记忆中
memory.save_context({"input": "我最喜欢的食物是披萨"}, {"output": "这个我知道
"})
memory.save_context({"input": "我最喜欢的运动是足球"}, {"output": "..."})
memory.save_context({"input": "我不喜欢凯尔特人队"}, {"output": "好的"}) #

print(memory.load_memory_variables({"prompt": "我应该看哪种运动？
"})["history"])
# -> input: 我最喜欢的运动是足球
# -> output: ...
```

首先，从所需的模块中导入必要的类和函数，包括日期时间处理、OpenAIEmbeddings、OpenAI 模型、向量库存储记忆模块、对话链、提示模板等。然后创建一个维度为 1536 的 OpenAIEmbeddings。这是一个用于嵌入文本查询的类，

用于将文本转化为向量。按下来，创建一个用于嵌入查询的函数 embedding_fn。使用 faiss 库创建一个 L2 距离度量的索引（IndexFlatL2），用于对向量进行相似性搜索。接着，使用上面创建的 embedding_fn 和索引，以及 InMemoryDocstore（内存文档存储）和空字典，创建一个向量库存储器 vectorstore。将向量库存储器转换为检索器（retriever），以便能够在其中搜索相关的向量。这里将参数 k 设置为 1，这意味着每次检索都将返回最相关的单个向量。创建一个 VectorStoreRetrieverMemory 实例 memory，并传入之前创建的检索器 retriever。这个记忆实例可以用于存储历史对话中的相关信息。使用 memory 的 save_context 方法将历史对话和回复的相关信息存储到记忆中。这里保存了三组输入和输出，分别表示用户喜欢的食物、运动和不喜欢的事项。使用 memory 的 load_memory_variables 方法，根据指定的提示来检索记忆信息。这里指定了一个提示 "我应该看哪种运动？"，并输出返回的历史信息。这里只返回了一个输入和输出对，表示用户喜欢的运动是足球。

通过在对话模型中集成向量库存储记忆模块，可以很方便地将上下文和对话功能结合在一起，代码示例如下。

```
llm = OpenAI(temperature=0)  # 可以是任何有效的 LLM
_DEFAULT_TEMPLATE = """以下是人类和 AI 之间友好对话的一部分。AI 健谈，会从其上下文中提供大量具体细节。如果 AI 不知道问题的答案，那么它会真实地表示不知道。

历史对话中的相关片段：
{history}

（如果不相关，那么您无须使用这些信息）

当前对话：
人类：{input}
AI："""
PROMPT = PromptTemplate(
    input_variables=["history", "input"], template=_DEFAULT_TEMPLATE
)
conversation_with_summary = ConversationChain(
    llm=llm,
    prompt=PROMPT,
    # 为测试目的，设置一个非常低的 max_token_limit
```

```
    memory=memory,
    verbose=True
)
conversation_with_summary.predict(input="嗨，我叫 Perry，你好吗？")
# -> > Entering new ConversationChain chain...
# -> Prompt after formatting:
[40/121]
# -> 以下是人类和 AI 之间友好对话的一部分。AI 健谈，会从其上下文中提供大量具体细节。如
# 果 AI 不知道问题的答案，那么它会真实地表示不知道。

# -> 历史对话中的相关片段：
# -> input：我最喜欢的食物是披萨
# -> output：这个我知道

# -> （如果不相关，那么您无须使用这些信息）

# -> 当前对话：
# -> 人类：嗨，我叫 Perry，你好吗？
# -> AI：

# -> > Finished chain.
# -> 你好，Perry，很高兴认识你！我叫 AI，我可以回答你的问题，也可以和你聊天。你想问我
# 什么？

# 这里，与足球相关的内容被提取出来
conversation_with_summary.predict(input="我最喜欢的运动是什么？")
# -> > Entering new ConversationChain chain...
# -> Prompt after formatting:
# -> 以下是人类和 AI 之间友好对话的一部分。AI 健谈，会从其上下文中提供大量具体细节。如
# 果 AI 不知道问题的答案，那么它会真实地表示不知道。

# -> 历史对话中的相关片段：
# -> input：我最喜欢的运动是足球
# -> output：...

# -> （如果不相关，那么您无须使用这些信息）

# -> 当前对话：
# -> 人类：我最喜欢的运动是什么？
# -> > AI：

# -> > Finished chain.
# -> 您最喜欢的运动是足球，对吗？您是否喜欢足球的竞技性？或者您更喜欢踢足球的乐趣？
```

```
# 尽管语言模型是无状态的，但由于提取了相关的记忆，它可以"推理"时间。
# 在一般情况下，为记忆和数据加上时间戳是很有用的，可以让代理程序确定时间上的相关性
conversation_with_summary.predict(input="我最喜欢的食物是什么？")
# -> > Entering new ConversationChain chain...
# -> Prompt after formatting:
# -> 以下是人类和 AI 之间友好对话的一部分。AI 健谈，会从其上下文中提供大量具体细节。如
# 果 AI 不知道问题的答案，那么它会真实地表示不知道。

# -> 之前对话中的相关片段：
# -> input：我最喜欢的食物是披萨
# -> output：这个我知道

# ->（如果不相关，那么您无须使用这些信息）

# -> 当前对话：
# -> 人类：我最喜欢的食物是什么？
# -> AI：

# -> > Finished chain.
# -> 您最喜欢的食物是披萨吗？
```

    首先创建一个 OpenAI 实例 llm，该实例可以是任何有效的语言模型。定义默认的对话模板 _DEFAULT_TEMPLATE，该模板包含上下文、历史对话记录和当前对话。然后使用 PromptTemplate 创建一个 Prompt 实例 PROMPT，该实例指定了输入和历史记录作为输入变量。创建一个 ConversationChain 实例 conversation_with_summary，该实例结合了语言模型 llm、提示模板 PROMPT、向量库存储记忆模块 memory，并设置了 verbose=True 以显示详细信息。使用 conversation_with_summary 的 predict 方法，以输入"嗨，我叫 Perry，你好吗？"进行预测。输出中展示了格式化后的提示和历史对话记录，以及模型生成的回复。通过调用 predict 方法，进行了两次类似的预测。第一次输入"我最喜欢的运动是什么？"，输出展示了根据记忆中相关历史生成的回答。第二次输入"我最喜欢的食物是什么？"，输出同样展示了相应的回答。可以看出向量库的检索模块可以根据语义相似度有效检索出与用户问题相关的历史信息。

6.3　自定义记忆模块

虽然 LangChain 中有一些预定义的记忆类，但用户可能希望添加自己的记忆类，以使其最适合用户的应用程序。本节将介绍如何实现这一操作。

我们将向 ConversationChain 添加一个自定义记忆类。为了创建一个自定义记忆类，我们需要导入基本记忆类并创建其子类。

自定义记忆模块使用方法

在本示例中，我们将创建一个自定义记忆类，该类使用 spacy 来提取实体并将相关信息保存在一个简单的哈希表中。在对话过程中，我们将查看输入文本，提取任何实体，并将有关它们的信息放入上下文。

```python
from langchain import OpenAI, ConversationChain
from langchain.schema import BaseMemory
from pydantic import BaseModel
from typing import List, Dict, Any

import spacy
from langchain.prompts.prompt import PromptTemplate

# 加载英文 spacy 模型（注意需要在终端运行以下命令，安装 spacy 库并下载
# en_core_web_lg 文件）
# pip install spacy
# python -m spacy download en_core_web_lg
nlp = spacy.load("en_core_web_lg")

class SpacyEntityMemory(BaseMemory, BaseModel):
    """用于存储实体信息的记忆类"""

    # 定义字典以存储实体信息
    entities: dict = {}
    # 定义用于将实体信息传递到提示中的键
    memory_key: str = "entities"

    def clear(self):
        self.entities = {}
```

```
    @property
    def memory_variables(self) -> List[str]:
        """定义要提供给提示的变量"""
        return [self.memory_key]

    def load_memory_variables(self, inputs: Dict[str, Any]) -> Dict[str, str]:
        """加载记忆变量，此处为实体键"""
        # 获取输入文本并运行通过 spacy 模型进行处理
        doc = nlp(inputs[list(inputs.keys())[0]])
        # 如果存在已知实体，则提取其信息
        entities = [
            self.entities[str(ent)] for ent in doc.ents if str(ent) in
self.entities
        ]
        # 返回组合的实体信息以放入上下文
        return {self.memory_key: "\n".join(entities)}

    def save_context(self, inputs: Dict[str, Any], outputs: Dict[str, str])
-> None:
        """将此对话的上下文保存到缓冲区中"""
        # 获取输入文本并通过 spacy 模型进行处理
        text = inputs[list(inputs.keys())[0]]
        doc = nlp(text)
        # 将此信息保存到提到的每个实体的字典中
        for ent in doc.ents:
            ent_str = str(ent)
            if ent_str in self.entities:
                self.entities[ent_str] += f"\n{text}"
            else:
                self.entities[ent_str] = text


# 定义提示模板，用于人与 AI 之间的对话
template = """The following is a friendly conversation between a human and
an AI. The AI is talkative and provides lots of specific details from its
context. If the AI does not know the answer to a question, it truthfully says
it does not know. You are provided with information about entities the Human
mentions, if relevant.

Relevant entity information:
{entities}

Conversation:
Human: {input}
AI:"""
```

```
prompt = PromptTemplate(input_variables=["entities", "input"],
template=template)

# 创建 OpenAI 实例
llm = OpenAI(temperature=0)
# 创建 ConversationChain 实例，包括自定义记忆模块
conversation = ConversationChain(
    llm=llm, prompt=prompt, verbose=True, memory=SpacyEntityMemory()
)

# 针对第一个示例进行预测，其中没有关于 Harricon 的信息
print(conversation.predict(input="Harrison likes machine learning"))
# -> > Entering new ConversationChain chain...
# -> Prompt after formatting:
# -> The following is a friendly conversation between a human and an AI. The
# AI is talkative and provides lots of specific details from its context.
# If the AI does not know the answer to a question, it truthfully says it
# does not know. You are provided with information about entities the Human
# mentions, if relevant.

# -> Relevant entity information:


# -> Conversation:
# -> Human: Harrison likes machine learning
# -> AI:

# -> > Finished chain.
# -> That's great to hear! Machine learning is a fascinating field of study.
# It involves using algorithms to analyze data and make predictions. Have
# you ever studied machine learning, Harrison?


# 针对第二个示例进行预测，我们可以看到它提取了与 Harricon 有关的信息
print(conversation.predict(
    input="What do you think Harrison's favorite subject in college was?"
))
# -> > Entering new ConversationChain chain...
# -> Prompt after formatting:
# -> The following is a friendly conversation between a human and an AI. The
# AI is talkative and provides lots of specific details from its context.
# If the AI does not know the answer to a question, it truthfully says it
# does not know. You are provided with information about entities the Human
# mentions, if relevant.
```

117

```
# -> Relevant entity information:
# -> Harrison likes machine learning

# -> Conversation:
# -> Human: What do you think Harrison's favorite subject in college was?
# -> AI:

# -> > Finished chain.
# ->  From what I know about Harrison, I believe his favorite subject in college
# was machine learning. He has expressed a strong interest in the subject
# and has mentioned it often.
```

以上代码演示了如何使用 LangChain 库创建一个具有自定义记忆模块的对话系统。以下是代码的功能描述：首先，导入必要的库和模块，包括 LangChain 库、spacy 自然语言处理库以及用于自定义记忆的类和模块。通过 spacy.load("en_core_web_lg") 加载英文的 Spacy 模型（需要在终端中运行额外的命令来安装 Spacy 库并下载 en_core_web_lg 模型文件）。

然后，定义一个名为 SpacyEntityMemory 的自定义记忆类，用于存储实体信息。该类继承自 LangChain 的 BaseMemory 和 Pydantic 的 BaseModel。它具有以下功能。

- clear 方法：用于清空存储的实体信息。
- memory_variables 属性：定义要提供给对话的提示变量，这里只提供了一个 entities 变量。
- load_memory_variables 方法：加载记忆变量，如果输入文本中存在实体信息，那么将其提取。
- save_context 方法：将对话的上下文信息保存到缓冲区中，包括提到的实体信息。

定义一个提示模板 template，用于格式化人与 AI 之间的对话。模板中包括提供有关实体信息的部分。创建 OpenAI 实例 llm，用于生成 AI 的回复，然后创建 ConversationChain 实例，包括自定义记忆类 SpacyEntityMemory，以及定义的对话提示。最后，使用 conversation.predict 方法进行两次预测。第一次预测没有关于 Harrison 的知识，所以 Relevant entity information 部分为空；而第二次预测提取了关于 Harrison 的信息，这些信息是在对话中自动获取并存储的。

这段代码演示了如何在对话系统中使用自定义记忆模块来提取和存储实体信息。这个功能可以用于创建更智能的 AI 对话系统。不过需要注意的是，该代码示例中的实现相当简单且朴素，生产环境中面临的问题会更加复杂。

6.4　小结

本章介绍了对话系统中的记忆（Memory）的概念和功能，以及如何将记忆集成到 LangChain 库的对话系统中。

- 对话记忆模块：强调了对话系统中记忆的重要性，以及如何使用 LangChain 库中的工具来添加记忆功能。讨论了记忆系统的基本操作、如何存储状态和查询状态。还提供了使用示例，演示了如何在对话链中使用记忆。
- 向量库存储记忆模块：介绍了如何使用向量库存储记忆模块来保存和检索信息，以及如何在 LangChain 中配置和使用该记忆模块。强调了不同类型的记忆可以满足不同应用的需求。
- 自定义记忆模块：探讨了如何创建和集成自定义记忆模块。详细介绍了自定义记忆类的设计和功能，并演示了如何将其集成到 LangChain 对话链中。提供了端到端的示例，展示了如何在对话中使用自定义记忆模块来实现更复杂的对话系统。

本章给出了 LangChain 中记忆模块的介绍，从基本概念到高级用法，通过对本章的学习，可以知道如何在对话系统中有效地利用记忆来增强智能对话的能力。

第 7 章

链

简单的应用程序可以直接调用大语言模型，但对于更复杂的应用程序，则需要将大语言模型进行链接：要么与其他大语言模型链接，要么与其他组件链接。LangChain 为这种链式应用程序提供了链（Chain）接口，支持以通用的方式将 Chain 定义为一些组件调用的序列，这些组件可以是提示模板、大语言模型 API 调用器等，也可以是其他的链。

将组件组合在一条链中的思想简单而强大。它极大地简化了复杂应用程序的实现过程，通过模块化的方式使调试、维护和改进应用程序变得容易。

7.1 大语言模型链

LangChain 面向丰富的应用场景提供了很多链来供用户使用，其中大语言模型链（LLMChain）是最基础的也是最为常用的链。LLMChain 可以在大语言模型调用过程前后添加一些功能，被广泛应用于链式结构和智能体中。LLMChain 由提示模板和大语言模型（可以是 LLM 或对话模型）组成，它输入关键值格式化提示模板，将格式化的字符串传递给大语言模型，并返回大语言模型的输出。

大语言模型链基础调用

第 3 章和第 4 章介绍了如何通过提示模板、大语言模型调用、输出解析器等让大语言模型实现用户期望的行为。这里对整个流程进行简单回顾：首先，设置提示模板用于让模型知道如何对用户的指令进行响应。然后，根据用户的具体指令调用大语言模型。最后，如果希望大语言模型的输出符合用户期望的格式，则使用输出解析器规范模型的输出格式。通过调用 LangChain 的语言模型链可以极大简化以上流程，具体使用示例如下。

```python
from langchain import PromptTemplate, OpenAI, LLMChain

# 创建一个提示模板，用于生成公司名称
prompt_template = "What is a good name for a company that makes {product}?"

# 创建一个 OpenAI 大语言模型实例
llm = OpenAI(temperature=0)

# 创建一个 LLMChain，将语言模型和提示模板传递进去
llm_chain = LLMChain(
    llm=llm,
    prompt=PromptTemplate.from_template(prompt_template)
)

# 使用 llm_chain 进行单次调用，传入产品名称"colorful socks"
print(llm_chain("colorful socks"))
# -> {'product': 'colorful socks', 'text': '\n\nSocktastic!'}

# 准备一个输入列表
input_list = [
    {"product": "socks"},
    {"product": "computer"},
    {"product": "shoes"}
]

# 使用 llm_chain 对输入列表进行批量调用
print(llm_chain.apply(input_list))
# -> [{'text': '\n\nSocktastic!'}, {'text': '\n\nTechCore Solutions.'},
{'text': '\n\nFootwear Factory.'}]

# 使用 llm_chain 对输入列表进行文本生成
```

```
print(llm_chain.generate(input_list))
# generations=[[Generation(text='\n\nCozy Toes Socks.',
# generation_info={'finish_reason': 'stop', 'logprobs': None})],
# [Generation(text='\n\nTechCore Solutions.',
# generation_info={'finish_reason': 'stop', 'logprobs': None})],
# [Generation(text='\n\nFootwear Factory.',
# generation_info={'finish_reason': 'stop', 'logprobs': None})]]
# llm_output={'token_usage': {'prompt_tokens': 36, 'completion_tokens': 21,
# 'total_tokens': 57}, 'model_name': 'text-davinci-003'}
```

  首先，创建一个 LLMChain 实例，用于将提示模板与大语言模型结合，根据公司产品生成公司名称。直接调用该实例让其给出彩色袜子的公司名称，这个链输出为Socktastic，可以看到是个合理的公司名称。大语言模型链集成了大语言模型和提示模板，能够很方便地获取用户期望的模型输出。另外，LangChain 提供了一些标准化调用接口，例如可以使用 LLMChain 的 apply 方法来对输入列表进行批量调用，以生成对应的公司名称；也可以使用 generate 方法在进行批量调用的同时获取模型的详细调用信息，如 token 的消耗数。

  以上示例介绍了在链中集成提示模板和大语言模型的方法，引入 langchain.output_parsers 中的模块后可以很方便地实现输出格式的规范化。使用示例如下。

```
from langchain import PromptTemplate, OpenAI, LLMChain
# 导入输出解析器 CommaSeparatedListOutputParser
from langchain.output_parsers import CommaSeparatedListOutputParser

output_parser = CommaSeparatedListOutputParser()

# 创建一个模板，用于列出彩虹中的颜色
template = """List all the colors in a rainbow"""
# 创建一个 PromptTemplate，使用刚才创建的模板和输出解析器
prompt = PromptTemplate(template=template, input_variables=[],
output_parser=output_parser)

# 创建一个新的 LLMChain，使用新的 PromptTemplate 和之前创建的大语言模型实例
llm_chain = LLMChain(prompt=prompt, llm=llm)

# 使用 llm_chain 进行预测，并输出结果
print(llm_chain.predict())
# -> Red, orange, yellow, green, blue, indigo, violet
```

```
# 使用 llm_chain 预测并解析结果
print(llm_chain.predict_and_parse())
# -> ['Red', 'orange', 'yellow', 'green', 'blue', 'indigo', 'violet']
```

可以看到，通过调用 CommaSeparatedListOutputParser 的实例，可以有效地将模型的输出固定为 Python 的 List 类型。

链的保存与导入

用户对于链式结构的定义可以通过序列化磁盘的方式进行保存，从而便于记录和复现用户定义的链式结构。链式结构的保存方法如下。

```
from langchain import PromptTemplate, OpenAI, LLMChain

# 定义模板字符串，包含问题和回答的格式
template = """Question: {question}

Answer: Let's think step by step."""

# 创建一个 PromptTemplate 实例，指定模板字符串和输入变量为"question"
prompt = PromptTemplate(template=template, input_variables=["question"])

# 创建一个 LLMChain 实例，指定 PromptTemplate、语言模型实例和 verbose 为 True
llm_chain = LLMChain(prompt=prompt, llm=OpenAI(temperature=0),
verbose=True)

# 将 LLMChain 实例保存为 JSON 文件
llm_chain.save("llm_chain.json")

# llm_chain.json 中的内容  （在 Linux 终端通过运行 cat llm_chain.json 命令查看）
# {
#     "memory": null,
#     "verbose": true,
#     "tags": null,
#     "prompt": {
#         "input_variables": [
#             "question"
#         ],
#         "output_parser": null,
#         "partial_variables": {},
#         "template": "Question: {question}\n\nAnswer: Let's think step by
step.",
```

```
#         "template_format": "f-string",
#         "validate_template": true,
#         "_type": "prompt"
#     },
#     "llm": {
#         "model_name": "text-davinci-003",
#         "temperature": 0.0,
#         "max_tokens": 256,
#         "top_p": 1,
#         "frequency_penalty": 0,
#         "presence_penalty": 0,
#         "n": 1,
#         "request_timeout": null,
#         "logit_bias": {},
#         "_type": "openai"
#     },
#     "output_key": "text",
#     "output_parser": {
#         "_type": "default"
#     },
#     "return_final_only": true,
#     "llm_kwargs": {},
#     "_type": "llm_chain"
# }
```

以上代码首先导入 PromptTemplate、OpenAI 和 LLMChain 类，然后定义一个模板字符串，其中包含问题和回答的格式。值得注意的是，这里在定义 LLMChain 时指定了 verbose=True 参数，该参数用于输出链中的一些详细信息，这些信息在代码调试时可以发挥重要作用。可以看到，对于链实例 llm_chain，LangChain 支持使用 save 方法保存链以复现相关参数，例如，定义的提示模板的内容就保存在 llm_chain.json 中。

前面讲解了如何将链式结构保存到 JSON 文件中，通过以下代码可以很方便地对链式结构进行复现。

```
# 从 JSON 文件中加载 LLMChain 实例
from langchain.chains import load_chain
chain = load_chain("llm_chain.json")

# 运行加载的链式结构，传入问题"whats 2 + 2"
result = chain.run("whats 2 + 2")
```

```
# -> > Entering new  chain...
# -> Prompt after formatting:
# -> Question: whats 2 + 2
# -> Answer: Let's think step by step.
# -> > Finished chain.

# 输出运行结果
print(result)
# -> 2 + 2 = 4
```

异步调用链

LangChain 中链的调用一般分为同步调用和异步调用。同步调用和异步调用是编程中常用的两种调用方式，它们的区别在于，对任务的执行方式和对资源的利用方式不同。

同步调用指按照顺序依次执行任务，完成一个任务后才会执行下一个任务。

- 在同步调用中，当一个任务执行耗时操作时，程序会被阻塞，无法继续执行其他任务。

- 同步调用适用于简单、顺序执行的任务，但如果任务中存在耗时操作，则会导致程序的响应性能下降。

异步调用指在遇到耗时操作时不等待任务完成，继续执行后续任务。

- 在异步调用中，当遇到耗时操作时，程序会立即切换到其他任务，利用等待时间执行其他任务，从而提高程序的并发性能和响应性能。

- 异步调用适用于并发执行、有耗时操作的任务，可以充分利用计算资源。

大语言模型通常需要较长的推理时间，同步调用会导致程序在等待期间停止响应其他请求。而使用异步调用可以在等待模型响应的同时继续处理其他请求，充分利用计算资源，提高并发性能。

链的异步调用示例如下。

```python
import asyncio
import time

from langchain.llms import OpenAI
from langchain.prompts import PromptTemplate
from langchain.chains import LLMChain


def generate_serially():
    """
    同步调用生成文本的函数
    """
    llm = OpenAI(temperature=0.9)
    prompt = PromptTemplate(
        input_variables=["product"],
        template="What is a good name for a company that makes {product}?",
    )
    chain = LLMChain(llm=llm, prompt=prompt)
    for _ in range(5):
        resp = chain.run(product="toothpaste")
        print(resp)


async def async_generate(chain):
    """
    异步调用生成文本的函数

    :param chain: LLMChain 对象
    """
    resp = await chain.arun(product="toothpaste")
    print(resp)


async def generate_concurrently():
    """
    同步调用生成文本的函数
    """
    llm = OpenAI(temperature=0.9)
    prompt = PromptTemplate(
        input_variables=["product"],
        template="What is a good name for a company that makes {product}?",
    )
    chain = LLMChain(llm=llm, prompt=prompt)
    tasks = [async_generate(chain) for _ in range(5)]
```

```
    await asyncio.gather(*tasks)

s = time.perf_counter()
asyncio.run(generate_concurrently())
elapsed = time.perf_counter() - s
print("\033[1m" + f"并发执行时间为{elapsed:0.2f}秒。" + "\033[0m")
# -> BrightSmile Toothpaste Company
# -> BrightSmile Toothpaste Co.
# -> BrightSmile Toothpaste
# -> Gleaming Smile Inc.
# -> SparkleSmile Toothpaste
# -> 同步调用执行时间为1.54 秒

s = time.perf_counter()
generate_serially()
elapsed = time.perf_counter() - s
print("\033[1m" + f"串行执行时间为{elapsed:0.2f}秒。" + "\033[0m")
# -> BrightSmile Toothpaste Co.
# -> MintyFresh Toothpaste Co.
# -> SparkleSmile Toothpaste.
# -> Pearly Whites Toothpaste Co.
# -> BrightSmile Toothpaste.
# -> 异步调用执行时间为1.54 秒
```

这段代码展示了同步调用和异步调用生成文本的过程，并计它们的执行时间。generate_serially 函数定义同步调用生成文本的过程，它使用 OpenAI 大语言模型创建一个 LLMChain 链，并循环运行 5 次，每次生成时都传入一个参数 product="toothpaste"，生成的文本通过 print 语句输出。async_generate 函数定义异步调用生成文本的过程，它接受一个 LLMChain 对象作为参数，使用异步方法 arun 来生成文本。生成过程同样传入了参数 product="toothpaste"，并通过 print 语句输出生成的文本结果。generate_concurrently 函数定义异步调用生成文本的过程，它创建一个 LLMChain 链，并使用 async_generate 函数创建 5 个异步任务。然后通过 asyncio.gather 方法同时运行这些任务，实现了异步调用生成文本的效果。从运行时间来看，异步调用可以大幅降低整体耗时。

7.2 自定义链

LangChain 的自定义链提供了更大的自由度，允许用户根据特定需求和业务场景定制语言处理流程。自定义链允许用户定义链式处理的逻辑，用户可以编写自己的代码逻辑，定义输入、输出的方式，以及与大语言模型、其他链或外部系统的交互过程。这种灵活性使得用户能够根据具体的业务需求设计和调整处理流程。

自定义链的定义

LangChain 中提供的大语言模型链等虽然提供了便捷的接入方式，但是提供给用户的修改空间不大。自定义链可以给用户更大的修改自由度，自定义链的定义示例如下。

```python
from __future__ import annotations

from typing import Any, Dict, List, Optional

from pydantic import Extra

from langchain.base_language import BaseLanguageModel
from langchain.callbacks.manager import (
    AsyncCallbackManagerForChainRun,
    CallbackManagerForChainRun,
)
from langchain.chains.base import Chain
from langchain.prompts.base import BasePromptTemplate


class MyCustomChain(Chain):
    """
    自定义链的示例
    """

    prompt: BasePromptTemplate
    """要使用的 Prompt 对象"""
    llm: BaseLanguageModel
    output_key: str = "text"  #: :meta private:
```

```
class Config:
    """此 pydantic 对象的配置"""

    extra = Extra.forbid
    arbitrary_types_allowed = True

@property
def input_keys(self) -> List[str]:
    """返回 Prompt 所期望的输入键列表

    :meta private:
    """
    return self.prompt.input_variables

@property
def output_keys(self) -> List[str]:
    """总是返回 text 键

    :meta private:
    """
    return [self.output_key]

def _call(
    self,
    inputs: Dict[str, Any],
    run_manager: Optional[CallbackManagerForChainRun] = None,
) -> Dict[str, str]:
    """
    同步执行自定义链

    :param inputs: 输入值的字典
    :param run_manager: 用于跟踪执行的回调管理器
    :return: 包含输出键和生成的文本的字典
    """
    # 自定义链的逻辑在这里
    # 这只是一个模仿 LLMChain 的示例
    prompt_value = self.prompt.format_prompt(**inputs)

    # 每当调用大语言模型或另一个链时，都应传递回调管理器
    # 这允许内部运行由外部注册的任何回调跟踪
    # 您始终可以通过调用 run_manager.get_child() 来获取此回调管理器，如下所示
    response = self.llm.generate_prompt(
        [prompt_value], callbacks=run_manager.get_child() if run_manager
else None
```

```
    )

        # 如果要记录关于此次调用链的信息，那么可以通过调用 run_manager 上的方法来实现
        # 这将触发为该事件注册的任何回调
        if run_manager:
            run_manager.on_text("记录此运行的一些内容")

        return {self.output_key: response.generations[0][0].text}

    async def _acall(
        self,
        inputs: Dict[str, Any],
        run_manager: Optional[AsyncCallbackManagerForChainRun] = None,
    ) -> Dict[str, str]:
        """
        异步执行自定义链

        :param inputs: 输入值的字典
        :param run_manager: 用于跟踪执行的回调管理器
        :return: 包含输出键和生成的文本的字典
        """
        # 自定义链的逻辑在这里
        # 这只是一个模仿 LLMChain 的示例
        prompt_value = self.prompt.format_prompt(**inputs)

        # 每当调用大语言模型或另一个链时，都应传递回调管理器
        # 这允许内部运行由外部注册的任何回调跟踪
        # 您始终可以通过调用 run_manager.get_child() 来获取此回调管理器，如下所示
        response = await self.llm.agenerate_prompt(
            [prompt_value], callbacks=run_manager.get_child() if run_manager
else None
        )

        # 如果要记录关于此运行的信息，可以通过调用 run_manager 上的方法来实现
        # 这将触发为该事件注册的任何回调
        if run_manager:
            await run_manager.on_text("记录此次运行的一些内容")

        return {self.output_key: response.generations[0][0].text}

    @property
    def _chain_type(self) -> str:
        return "my_custom_chain"
```

上面的代码定义了一个名为 **MyCustomChain** 的链，该链继承自 **Chain** 类。

prompt: BasePromptTemplate 定义一个名为 prompt 的属性，用于指定要使用的 Prompt 对象。llm: BaseLanguageModel 定义一个名为 llm 的属性，用于指定要使用的大语言模型。output_key: str = "text" 定义一个名为 output_key 的属性，默认值为 text，用于指定输出结果的键。Config 配置 Pydantic 对象的行为，其中 extra = Extra.forbid 表示禁止额外的字段，arbitrary_types_allowed = True 表示允许任意类型的输入。input_keys 的属性是返回 Prompt 对象期望的输入键列表。output_keys 的属性是返回一个列表，其中只包含 output_key。自定义链中最关键的两个函数是 _call 和 _acall。_call 函数中实现了同步执行自定义链的逻辑：该函数接收一个 inputs 参数，输入值为字典，以及一个可选的 run_manager 参数，表示用于跟踪执行的回调管理器。在_call 方法中，根据输入值生成具体的提示值，然后调用大语言模型的 generate_prompt 方法生成响应。在调用大语言模型之前，通过传递回调管理器来跟踪内部运行情况。通过调用回调管理器的方法记录运行信息，并将生成的文本作为结果返回。_acall 实现的是异步执行自定义链的逻辑，与 _call 方法类似，不同之处在于使用 await 关键字进行异步操作，并调用大语言模型的 agenerate_prompt 方法异步生成响应。在记录信息时，使用 await 关键字调用回调管理器的方法。用户可以根据自己的需求和逻辑，在 _call 和 _acall 方法中编写自己的处理逻辑，实现定制化的语言处理功能。

自定义链调用

自定义链的调用方式和之前介绍的大语言模型链基本一致，一个简单的调用示例如下。

```
from langchain.callbacks.stdout import StdOutCallbackHandler
from langchain.chat_models.openai import ChatOpenAI
from langchain.prompts.prompt import PromptTemplate


chain = MyCustomChain(
    prompt=PromptTemplate.from_template("告诉我们一个关于{topic}的笑话"),
```

```
   llm=ChatOpenAI(),
)

result = chain.run({"topic": "美国"}, callbacks=[StdOutCallbackHandler()])
print(result)
# -> > Entering new  chain...
# -> 记录运行的一些内容
# -> > Finished chain.
# -> 有一天，一个美国人、一个英国人和一个中国人在讨论他们国家的文化。美国人说："我们
# 国家的文化是最先进的，我们有好莱坞、摇滚乐和自由。"英国人说："我们国家的文化是最悠
# 久的，我们有莎士比亚、文学和皇室。"中国人说："我们国家的文化是最深厚的，我们有 5000
# 年的文明史和文化传统。"
# -> 这时，一个墨西哥人走过来，听到了他们的谈话，很不屑地说："那又怎样？我们有塔科贝
# 拉！"其他人都不明白，问他："什么是塔科贝拉？"墨西哥人得意地说："那是我们国家最有
# 名的一种美食，用玉米面制成的薄饼，非常好吃！"
# -> 大家都笑了，美国人说："那不算什么，我们有汉堡包！"英国人说："那也不算什么，我
# 们有鱼和薯条！"中国人想了想，然后说："那我告诉你们一个最厉害的东西，我们有糯米团！"
# -> 其他人不解地问："什么是糯米团？"中国人笑着说："那是我们国家最有名的一种美食，
# 用糯米制成的球形食品，非常好吃！"
# -> 大家都笑了，墨西哥人摇摇头："你们还是不懂，塔科贝拉是一种生活方式！"
```

代码中首先创建一个 MyCustomChain 类的实例 chain，然后调用 run 方法获取链的运行结果。这里默认调用的是自定义链中的 _call 同步执行方法。传入一个字典 {"topic": "美国"} 作为输入值。通过 callbacks 参数传递一个回调处理器 StdOutCallbackHandler()，用于在标准输出中显示回调信息。该自定义链的结果就是生成一个关于美国人的笑话，可以看到，生成的笑话和人类构造的笑话在效果上有一定差距，这也是目前大语言模型普遍存在的问题，大语言模型普遍基于统计模型和大规模文本数据训练而成，它们在生成文本时通常缺乏情感、主观性和创造力，这些是人类笑话中常见的元素。笑话的幽默往往依赖于语言技巧、双关语、意外和诙谐等元素，这些元素可能难以准确地被大语言模型捕捉到。尽管如此，随着大语言模型的发展，它们在生成笑话和幽默文本方面的表现可能有所提升。

7.3　组合链

LangChain 中的链不仅可以集成大语言模型等模块，也支持对多个链进行组合，

本节将对链的典型组合方式进行介绍。

顺序链

顺序链（Sequential Chains）可以连接多个链，并将它们组合成执行特定场景的流水线。顺序链有以下两种类型。

- SimpleSequentialChain：顺序链的最简形式，每个步骤都具有单一的输入和输出，一个步骤的输出是下一个步骤的输入。
- SequentialChain：顺序链的更通用形式，允许多个输入/输出。

SimpleSequentialChain 的使用示例如下。

```python
from langchain.llms import OpenAI
from langchain.chains import LLMChain
from langchain.prompts import PromptTemplate

# 创建一个 LLMChain，根据剧目的中文标题编写剧情简介
llm = OpenAI(temperature=.7)
template = """你是一位编剧。你的任务是根据剧目的标题编写剧情简介。

剧目标题：{title}
编剧：这是上述剧目的剧情简介："""
prompt_template = PromptTemplate(input_variables=["title"],
template=template)
synopsis_chain = LLMChain(llm=llm, prompt=prompt_template)

# 创建一个 LLMChain，根据剧情简介编写剧评
llm = OpenAI(temperature=.7)
template = """你是一位来自《纽约时报》的戏剧评论家。根据剧情简介，你的任务是为该剧目撰写一篇评论。

剧情简介：
{synopsis}
来自《纽约时报》的戏剧评论家对上述剧目的评论："""
prompt_template = PromptTemplate(input_variables=["synopsis"],
template=template)
review_chain = LLMChain(llm=llm, prompt=prompt_template)

# 创建一个顺序链，按顺序运行上述两个链式调用
from langchain.chains import SimpleSequentialChain
```

```
overall_chain = SimpleSequentialChain(chains=[synopsis_chain,
review_chain], verbose=True)

review = overall_chain.run("黄昏海滩上的小女孩和大黄狗")
# -> > Entering new  chain...
# -> 在一个美丽的夏天，一个小女孩和一只可爱的大黄狗走进了一片黄昏海滩。他们开始了一段
# 有趣而又充满感情的旅程，穿过花园，穿越森林，游览湖泊，最终到达海滩。这个过程中，小女
# 孩和大黄狗建立了真正的友谊，他们一起度过了一个难忘的夏天。
# -> 《夏天的海滩》是一部充满温情的剧目，让观众感受到了最真实的友谊。它以一种新颖而又
# 有趣的方式呈现了小女孩和大黄狗的旅程，他们穿过花园，穿越森林，游览湖泊，最终到达了海
# 滩，建立了真正的友谊。这部剧目的演员们出色地诠释了他们的角色。
# -> > Finished chain.

print(review)
# 《夏天的海滩》是一部充满温情的剧目，让观众感受到了最真实的友谊。它以一种新颖而又有趣
# 的方式呈现了小女孩和大黄狗的旅程，他们穿过花园，穿越森林，游览湖泊，最终到达海滩，建
# 立了真正的友谊。这部剧目的演员们出色地诠释了他们的角色。
```

    上面的代码实现了一个顺序链，用于根据剧目标题生成剧情简介，并根据剧情简介生成剧评。首先，导入需要的模块和类：OpenAI、LLMChain、PromptTemplate 和 SimpleSequentialChain。这里创建了一个 LLMChain 对象 synopsis_chain，用于根据剧目的标题编写剧情简介。这里使用 OpenAI 类创建一个大语言模型对象 llm，设置温度参数为 0.7，表示生成的文本会更加多样化，读者需要注意这里的示例重新运行的结果可能有显著的不同。然后定义剧情简介的模板 template，其中包含了标题的占位符 {title}。PromptTemplate 类通过传入输入变量和模板来创建一个用于填充占位符的模板对象 prompt_template。这里还创建了另一个 LLMChain 对象 review_chain，用于根据剧情简介编写剧评。与上一个链式调用类似，使用 OpenAI 类创建一个大语言模型对象 llm，设置温度参数为 0.7。定义剧评的模板 template，其中包含了剧情简介的占位符 {synopsis}。同样，使用 PromptTemplate 类创建一个用于填充占位符的模板对象 prompt_template。定义了以上的链之后，创建一个顺序链 overall_chain，传入上述两个链式调用 synopsis_chain 和 review_chain。通过设置 verbose=True，可以输出运行顺序链时的详细日志信息。调用 overall_chain.run("黄昏海滩上的小女孩和大黄狗") 运行整个顺序链，传入剧目标题 "黄昏海滩上的小女孩和大黄狗"。顺序链

会先运行 synopsis_chain 生成剧情简介，然后将剧情简介作为输入，运行 review_chain 生成剧评。通过这种方式，顺序链实现了根据剧目标题自动生成剧情简介和剧评的流程。可以根据实际需求，设计和组合不同的链式调用来完成特定的任务。

路由组合链

用户在实际使用过程中需要根据不同的情况选择不同的处理方式。例如，在构建一个复杂的应用程序时，可能需要根据用户的请求将其路由到不同的处理逻辑中。为了实现这样的路由功能，可以使用 RouterChain 范式，该链可以根据给定的输入动态选择下一个要使用的链。

路由器链由以下两个组件组成。

- RouterChain：负责选择下一个要调用的链。

- destination_chains：路由器链可以路由到的链。

我们将特别关注在 MultiPromptChain 中使用路由组合链的案例。下面展示如何创建一个问答链，该链根据给定的问题选择最相关的提示，并使用选定的提示回答问题。这样的问答链可以广泛应用于各种情景，如智能助手、知识库系统等。

```
from langchain.chains.router import MultiPromptChain
from langchain.llms import OpenAI
from langchain.chains import ConversationChain
from langchain.chains.llm import LLMChain
from langchain.prompts import PromptTemplate

# 定义物理学问题的模板
physics_template = """你是一位非常聪明的物理学教授。你擅长以简明易懂的方式回答物理学问题。当你不知道答案时，你会坦诚承认。

以下是一个问题：
{input}"""

# 定义数学问题的模板
math_template = """你是一位很棒的数学家。你擅长回答数学问题。你之所以如此出色，是因为你能够将复杂的问题分解成多个组成部分，回答这些组成部分，然后将它们整合在一起回答更广泛的问题。
```

以下是一个问题：
{input}"""

```
# 定义不同类型的提示信息
prompt_infos = [
    {
        "name": "physics",
        "description": "适用于回答物理学问题",
        "prompt_template": physics_template,
    },
    {
        "name": "math",
        "description": "适用于回答数学问题",
        "prompt_template": math_template,
    },
]


llm = OpenAI()

destination_chains = {}
# 根据提示信息创建目标链
for p_info in prompt_infos:
    name = p_info["name"]
    prompt_template = p_info["prompt_template"]
    prompt = PromptTemplate(template=prompt_template,
input_variables=["input"])
    chain = LLMChain(llm=llm, prompt=prompt)
    destination_chains[name] = chain

# 创建默认链
default_chain = ConversationChain(llm=llm, output_key="text")

from langchain.chains.router.llm_router import LLMRouterChain,
RouterOutputParser
from langchain.chains.router.multi_prompt_prompt import
MULTI_PROMPT_ROUTER_TEMPLATE

# 创建路由器链模板
destinations = [f"{p['name']}: {p['description']}" for p in prompt_infos]
destinations_str = "\n".join(destinations)
router_template =
MULTI_PROMPT_ROUTER_TEMPLATE.format(destinations=destinations_str)
router_prompt = PromptTemplate(
```

```
    template=router_template,
    input_variables=["input"],
    output_parser=RouterOutputParser(),
)

# 创建路由器链
router_chain = LLMRouterChain.from_llm(llm, router_prompt)

# 创建多提示链
chain = MultiPromptChain(
    router_chain=router_chain,
    destination_chains=destination_chains,
    default_chain=default_chain,
    verbose=True,
)

# 运行链以回答关于黑体辐射的问题
print(chain.run("什么是黑体辐射？"))
# -> physics: {'input': '什么是黑体辐射？'}
# -> 黑体辐射指物体受到环境温度的影响而发射的一种光谱。它由物体自身的温度控制，当它的
# 温度上升时，会发出越来越多的热量，从而发出越来越多的光谱。当物体受到高温影响时，它会
# 发出越来越多的热量，从而发出越来越多的黑体辐射。

# 运行链以回答一个问题：大于 40 的第一个可以被 3 整除，且加 1 会变为质数的数是什么？
print(chain.run("大于 40 的第一个可以被 3 整除，且加 1 会变为质数的数是什么？"))
# -> math: {'input': 'What is the first prime number greater than 40 that
# is divisible by 3 when 1 is added to it?'}
# -> 答案：42。因为 40 加 1 后是 41，是一个质数，但 40 不是 3 的倍数。而 42 加 1 后是 43，
# 是质数，且 42 是 3 的倍数，所以 42 是满足条件的数。

# 运行链以回答关于云的类型的问题
print(chain.run("什么是那种云的名字？"))
# -> None: {'input': '什么是那种云的名字？'}
# -> 你是指某个特定的云类型吗？
```

上面的代码实现了一个使用路由组合链的问答系统。首先，导入需要的模块和类：
MultiPromptChain、OpenAI、ConversationChain、LLMChain、PromptTemplate、
LLMRouterChain、RouterOutputParser 和 MULTI_PROMPT_ROUTER_TEMPLATE。
接下来，定义物理学问题和数学问题的模板，分别包含问题的占位符 {input}。然后，
定义不同类型的提示信息，每个提示信息都包含名称、描述和对应的模板。根据提示
信息，创建目标链 destination_chains，其中每个链都使用了对应的模板和输入变量。

同时，创建了一个默认链 default_chain，用于处理未匹配到任何提示的问题。接下来，创建了路由器链模板 router_template，它包含了所有目标链的名称和描述信息，用于动态选择下一个要调用的链。使用 MULTI_PROMPT_ROUTER_ TEMPLATE 和提示信息生成了路由器链模板 router_prompt，并通过 LLMRouterChain.from_llm 创建了路由器链 router_chain。最后，创建了多提示链 chain，将路由器链、目标链和默认链传入，同时设置 verbose=True，以便输出详细的日志信息。通过调用 chain.run() 可以运行整个链，传入问题作为输入。路由器链会根据问题选择最相关的提示，并将问题传递给选定的提示链进行处理。例如，如果输入的问题和物理有关，那么路由器链会自动选择能回答物理问题的链，如果输入与数学相关的问题则会选择能回答数学问题的链，对于不属于这两种类型的问题则使用默认链。

通过这种方式，问答链可以根据问题的类型选择不同的处理方式，实现灵活的问答功能。根据实际需求，可以创建不同类型的目标链和使用不同的路由器链模板来扩展和定制问答系统的功能。

有读者可能会好奇，LLMRouterChain 究竟如何实现自动选择要运行的链，我们通过进一步分析路由器链模板回答这个问题。

```
# 通过 pprint 来对模板进行可视化以便于解答
from pprint import pprint
pprint(router_template)
# ('Given a raw text input to a language model select the model prompt best '
#  'suited for the input. You will be given the names of the available prompts '
#  'and a description of what the prompt is best suited for. You may also
# revise '
#  'the original input if you think that revising it will ultimately lead
# to a '
#  'better response from the language model.\n'
#  '\n'
#  '<< FORMATTING >>\n'
#  'Return a markdown code snippet with a JSON object formatted to look
# like:\n'
#  '```json\n'
#  '{{\n'
#  '    "destination": string \\ name of the prompt to use or "DEFAULT"\n'
#  '    "next_inputs": string \\ a potentially modified version of the
```

```
# original '
#   'input\n'
#   '}}\n'
#   '```\n'
#   '\n'
#   'REMEMBER: "destination" MUST be one of the candidate prompt names
specified '
#   'below OR it can be "DEFAULT" if the input is not well suited for any of
the '
#   'candidate prompts.\n'
#   'REMEMBER: "next_inputs" can just be the original input if you don\'t think '
#   'any modifications are needed.\n'
#   '\n'
#   '<< CANDIDATE PROMPTS >>\n'
#   'physics: 适用于回答物理学问题\n'
#   'math: 适用于回答数学问题\n'
#   '\n'
#   '<< INPUT >>\n'
#   '{input}\n'
#   '\n'
#   '<< OUTPUT >>\n')
```

从上面的路由器链模板可以看出，LangChain 通过提示工程来选择适合使用的链。它的工作原理如下。

- 接收原始文本输入：模板首先接收一个原始的文本输入，该输入可以是用户提出的问题、需求或其他形式的文本。

- 提供候选提示：模板会提供一组候选的模型提示，每个提示都有一个名称和描述，说明它们适合回答的问题领域。

- 分析输入：模板会根据输入的内容和上下文，以及每个候选提示的描述，分析输入文本与哪个提示最为匹配。

- 选择最佳提示：模板会根据分析结果选择最适合的提示作为目标提示。如果没有任何提示与输入匹配，那么模板可以选择使用默认提示。

- 可能的修改：如果模板认为对原始输入进行修改可以得到更好的结果，那么它可以对输入进行必要的修改。这些修改可能包括修正语法、重新组织结构或添加额外的信息。

- 输出结果：模板最后会生成一个包含两部分 JSON 对象的 Markdown 代码片段。第一部分是目标提示的名称，作为 destination 键的值。第二部分是修改后可能的输入文本，作为 next_inputs 键的值。

其中，destination 键的值必须是指定的候选提示名称之一，如果输入不适合任何候选提示，那么选用 DEFAULT。从这个示例也可以看到大语言模型的灵活性和多功能性，它可以通过对调用工具的描述和用户的指令来分析应该使用哪个工具，而且这个工具也可以基于大语言模型实现。大语言模型不仅可以用于生成文本、回答问题等常见任务，还可以被用来构建更复杂的工具和应用，通过解析输入并根据具体情况选择合适的处理方式。正是这种能力使得大语言模型成为处理各种自然语言任务的强大工具。

7.4 小结

本章各部分介绍了不同链的工作原理和使用方法。

- 大语言模型链：这部分介绍了大语言模型链的工作原理。
- 自定义链：这部分介绍了自定义链的工作原理。自定义链给用户提供直观的定制化接口，具有极高的应用自由度。
- 组合链：这部分介绍了组合链的概念。组合链将多个大语言模型链和自定义链组合在一起，以构建更复杂和多功能的工具。通过将多个链组合，可以实现更高级的功能，例如解析输入、根据不同情况选择处理方式等。这种链的目的是，通过结合多个链的能力来处理各种自然语言处理任务，并提供更强大和灵活的处理方式。

这些链的工作原理和组合方法展示了大语言模的强大和灵活。

第8章

智能体

本章，我们将深入探讨智能体（Agents）的核心概念，即如何使用一个大语言模来选择一系列要采取的行动。在链中，操作通常是硬编码在代码中的，每个操作按照预定的顺序执行。而智能体将大语言模型作为推理引擎，确定应采取的行动以及执行它们的顺序。

接下来，我们将详细介绍交互工具、智能体类型这几个核心组件，并展示构建智能体的流程。通过深入理解这些关键组件，您可以更好地掌握 LangChain 技术，构建更加灵活的智能体系统。

8.1　交互工具

在构建智能体系统时，交互工具（Tools）起到了至关重要的作用，它们充当了智能体与外部世界交互的接口。本节将详细解释交互工具是什么，如何使用它们以，同时探讨一些可能需要特殊处理的情况。

交互工具是什么

首先，让我们明确交互工具的概念。交互工具是一种函数，智能体可以使用它们与外部世界进行交互。这些交互工具可以具有多种形式，包括通用实用工具（例如搜索引擎）、其他链式操作（Chains），甚至其他智能体。

交互工具的作用是为智能体提供一种方式来执行任务、获取信息、执行操作，或者与外部系统进行通信。它们为交互代理的功能扩展提供了无限的可能性，使智能体能够更好地理解和响应来自外部世界的需求。

如何开始使用工具

要开始使用交互工具，首先需要将它们加载到智能体系统中。以下是一个加载交互工具的示例代码片段。

```
from langchain.agents import load_tools
tool_names = [...]
tools = load_tools(tool_names)
```

在这里，您需要指定您希望加载的交互工具的名称，将其放入 tool_names 列表中。load_tools 函数将加载这些交互工具，并将它们存储在 tools 对象中，以便智能体可以使用它们来执行各种任务。

处理特殊情况

有一些交互工具，如链式操作或其他智能体，可能需要使用基础大语言模型来初始化。在这种情况下，您可以将大语言模型作为参数传递，以确保这些交互工具被正确初始化。以下是一个示例。

```
from langchain.agents import load_tools
tool_names = [...]
llm = ...
tools = load_tools(tool_names, llm=llm)
```

在这里，llm 是基础大语言模型，用于初始化交互工具中的某些特定功能，以便智能体可以更好地利用它们。

LangChain 提供了广泛的工具集，但也支持自定义交互工具（包括自定义描述），以满足特定需求。

总之，交互工具是智能体系统的关键组成部分，它们允许智能体与外部世界进行互动并执行各种任务。加载交互工具是构建智能体系统的第一步，它为智能体提供了丰富的功能和灵活性。通过了解如何加载和使用交互工具，您可以更好地定制智能体以满足特定需求，并为构建更强大的智能体系统打下坚实的基础。

8.2　智能体类型

在 LangChain 中，智能体是智能体系统的关键组件之一。智能体决定了系统将采取哪些行动以及以何种顺序执行这些行动。本节将详细介绍 LangChain 中可用的各种智能体类型，包括动作智能体（Action Agents）和计划执行智能体（Plan-and-Execute Agents），以帮助您更好地理解它们的用途和功能。

动作智能体

动作智能体利用大语言模型来确定应采取的行动和执行顺序。一个行动可以是使用交互工具并观察其输出，也可以是向用户返回响应。以下是 LangChain 中可用的动作代理类型。

- Zero-shot ReAct：这是最通用的动作智能体。它利用 ReAct 框架来决定在执行任务时应该使用哪个交互工具，其决策完全基于工具的描述。这种智能体可以提供任意数量的交互工具，但有一个重要的前提条件，即每个交互工具都必须附带详细的描述。ReAct（Reasoning from a Description, Action through Concept Tagging）是一种用于智能体决策的框架，它允许智能体根据描述来推断哪个交互工具最适合执行特定任务。ReAct 框架通过将文本描述映射到概念标签来实现这一目标，这种方式使智能体能够从工具的自然语言描述中获取有用的信息，以便更好地选择交互工具。Zero-shot ReAct 智能体在许多情境中都非常有用，特别是在需要自动化执行任务并且可能涉及多个不同交互工具的情况下。例如，如果智能体需要根据不同的任务来搜索互联网上的信息、翻译文本、回答问题或执行其他任务，那么 Zero-shot ReAct 智能体可以根据每个工具的描述来智能地选择合适的交互工具，而无须额外手动配置或编码。

- 结构化输入 ReAct（Structured Input ReAct）：结构化输入 ReAct 智能体具备一种强大的特性，能够使用多输入工具。多输入工具指接受多个输入参数的工具，通常用于执行复杂的任务。举例来说，一个多输入工具可能需要接收网页 URL、搜索关键字和浏览器操作指令等多个参数，以执行在浏览器中进行精确导航的任务。结构化输入 ReAct 智能体可以利用工具的论证模式（Argument Schema）来创建结构化的动作输入。这个特性为处理更复杂的工具使用场景提供了便利，例如，在 Web 浏览任务中，代理可能需要指定网页 URL、执行操作的元素选择器、输入文本等多个参数，以精确地模拟用户与网页的交互过程。通过使用结构化输入 ReAct 代理，可以有序规范地将这些参数传递给多输入工具，从而实现高效的自动化操作。

- OpenAI Functions：OpenAI Functions 智能体是专为特定的 OpenAI 模型（例如 GPT-3.5-Turbo-0613 和 GPT-4-0613）而设计的。这些模型经过微调，以便能够检测何时应该调用函数，并回复应传递给该函数的输入。由于 OpenAI 模型经过特定微调，所以它们能够智能地识别何时需要执行函数，并生成适当的输入参数。这使得代理能够以更自然的方式与用户进行交互，提供更智能、更有针对性的响应。例如，在自然语言处理任务中，智能体可以根据用户的问题自动调用相应的函数来生成答案，而不需要用户显式指定函数或处理函数调用的细节。这极大地简化了任务执行的过程，并提供了更高效的方式来利用 OpenAI 的强大模型。OpenAI Functions 智能体充当了与这些特定模型协同工作的接口，以实现更高级的任务自动化和智能响应。

- 对话式（Conversational）：Conversational 智能体是专为对话环境而设计的，它旨在使智能体在对话中表现得有益且自然。这个智能体类型的关键特点是提示（Prompt）的设计及使用的技术组件，包括 ReAct 框架和记忆功能。ReAct 框架的运用：在 Conversational 智能体中，ReAct 框架起到了关键作用。该框架用于根据对话上下文和用户请求决定应该使用哪个工具或策略进行响应。这使智能体能够根据不同的对话情境做出智能的决策，以提供恰当的回复。ReAct 框架允许智能体根据不同情境自适应地选择工具，从而增加了其灵活性和适应性。记忆功能的利用： Conversational 智能体利用记忆功能来存储历史对话。这有助于智能体更好地维护对话的连续性。智能体可以使用记忆来回顾以前的问题、回答和上下文，以便更好地回复用户的当前查询或请求。这种记忆机制有助于提高智能体的对话质量和连贯性。Conversational 智能体适用于多种场景，包括在线客服、虚拟助手、智能对话机器人等。在这些场景中，用户通常期望与系统进行自然对话，而不是单纯地发布指令和得到响应。Conversational 智能体使得在这些情境中构建具有人性化对话能力的应用变得可行。

- 自问自答与搜索（Self-ask with Search）：在 Self-ask with Search 代理中，有一个关键的组件，那就是 Intermediate Answer 工具。该工具应该能够查找问题的事实性答案，设计这个工具的目的是在回复用户的问题时，能够自动查找并提供准确的答案。通常，这种工具被配置为能够访问互联网或特定的知识库，以便在查找答案的过程中获取所需的信息。

- ReAct 文档存储（ReAct Document Store）：这个智能体使用 ReAct 框架与文档存储进行交互。文档存储通常包括大量的文本文档、知识库或数据库，其中包含了各种信息。这个智能体通过使用 Search 工具根据关键词或查询条件搜索相关文档，一旦找到文档，就使用 Lookup 工具查找该文档中的特定信息，以回复用户的查询。这种智能体的一个应用示例是智能文档查询系统。用户可以向智能体提出问题，例如，解释质能方程是什么？智能体将使用 Search 工具来搜索文档存储中的相关文档，然后使用 Lookup 工具查找和提取有关质能方程的信息，并将答案返回给用户。这种方式可以快速、自动化地提供大量文档中的信息，使用户能够更轻松地获取所需的知识。

计划执行智能体

计划执行智能体（Plan-and-Execute）的关键特点是采用两步策略来完成任务。首先，智能体制定计划，确定实现目标所需的一系列步骤或子任务。然后，智能体按照计划逐一完成这些子任务。这个过程有助于智能体更好地组织和管理任务，以确保达成最终目标。计划执行智能体的概念在很大程度上受到了婴儿通用人工智能（BabyAGI）的启发，以及后来 Plan-and-Solve 相关论文的影响。计划执行智能体可以应用于自动化任务、机器人控制、智能游戏角色等多个领域。例如，在机器人控制中，计划执行智能体可以首先设计机器人的运动路径，然后执行相应的动作，以完成特定任务，如物品抓取或环境导航。

上述介绍的代理类型具有不同的特点和适用场景，根据任务的具体需求，您可以选择合适的智能体类型来构建智能系统。这些智能体类型为 LangChain 提供了多样化的功能，使其能够在各种应用中发挥出色的表现。

8.3 构建智能体

接下来，我们将展示如何构建一个智能体。我们将以 LangChain 智能体类为例，演示如何定制该智能体以适应特定的上下文。我们还将介绍定义工具的过程，最后用标准的 LangChain AgentExecutor 执行智能体。

第 1 步：定义工具。

首先，定义交互工具用于与智能体交互。这里的自定义工具是一个用于计算单词长度的函数，这对于大语言模型可能是个挑战，因为有 tokenization 的过程，语言模型可能在计算词的长度时出现问题。例如，一个单词可能被分割成多个 token，导致计算得到的词长不准确。如下，我们编写了一个简单的 Python 函数，用于计算单词的长度。

```python
# 导入所需的库或模块
from langchain.agents import tool

# 使用装饰器 @tool 定义一个自定义工具函数
@tool
def get_word_length(word: str) -> int:
    """返回单词的长度"""
    return len(word)

# 创建一个工具列表，将自定义工具函数添加到其中
tools = [get_word_length]
```

第 2 步：创建提示。

为了与智能体进行交互，我们还需要创建一个提示。首先添加一个自定义 SystemMessage，以定义智能体的行为。它可以告知模型对话背景、任务要求或其他上下文信息，这对于引导模型生成与特定上下文相关的文本非常重要。然后使用 OpenAIFunctionsAgent 提供的 create_prompt 函数，生成包含自定义系统消息的提示，以确保模型能够根据上下文生成合适的文本响应。

```python
# 导入所需的库或模块
from langchain.schema import SystemMessage
from langchain.agents import OpenAIFunctionsAgent

# 创建一个系统消息对象，用于设定智能体的背景或性能期望
system_message = SystemMessage(content="You are a very powerful assistant,
but bad at calculating word lengths.")

# 使用 OpenAIFunctionsAgent 的 create_prompt 函数生成提示
prompt =
OpenAIFunctionsAgent.create_prompt(system_message=system_message)
```

第 3 步：创建智能体。

接下来，我们需要创建一个智能体。这里选择 OpenAI Functions 智能体，这是一

个适合初学者的选择。OpenAI Functions 智能体简单易用,需要使用 ChatOpenAI 模型。如果您想使用不同的大语言模型,那么可以考虑使用 Zero-shot ReAct 智能体。

在这一步中,需要先加载一个大语言模型,这里使用的是 LangChain 框架中的 ChatOpenAI 模型。通过设置温度参数,我们可以控制生成文本的创造性程度。

```
# 导入所需的库或模块
from langchain.chat_models import ChatOpenAI

# 创建 ChatOpenAI 实例,设置温度(temperature)为 0
# temperature 参数通常用于控制生成文本的多样性。将温度设置为较低的值(例如 0)会使生
# 成的文本更加确定和一致,而将其设置为较高的值会增加生成文本的随机性
llm = ChatOpenAI(temperature=0)
```

将上述组件通过 OpenAIFunctionsAgent 类组合在一起,创建智能体。该智能体使用指定的语言模型、自定义工具和提示来执行特定任务。智能体将与语言模型进行交互,并使用自定义工具来增强其功能。提示提供了智能体运行时所需的上下文信息。

```
# 使用 OpenAIFunctionsAgent 类创建一个智能体对象
agent = OpenAIFunctionsAgent(llm=llm, tools=tools, prompt=prompt)
```

第 4 步:创建智能体执行器。

为了运行智能体,我们还需要创建 AgentExecutor。AgentExecutor 是智能体的运行时环境,负责执行智能体任务并协调各种组件的工作。在构建智能体时,最后一步是创建一个 AgentExecutor,这个步骤负责将之前构建的智能体类和自定义工具整合到一个可运行的环境中。

```
# 导入所需的库或模块
from langchain.agents import AgentExecutor

# 创建一个 AgentExecutor 对象,该对象代表了代理的运行时环境
agent_executor = AgentExecutor(agent=agent, tools=tools, verbose=True)
```

第 5 步:测试智能体。

现在,让我们来测试构建的智能体。我们使用 agent_executor.run 方法来发送一个问题给智能体,并返回其回复。

```
agent_executor.run("how many letters in the word educa?")
#  > Entering new AgentExecutor chain...
```

```
#      Invoking: `get_word_length` with `{'word': 'educa'}`
#      5
#      There are 5 letters in the word "educa".
#      > Finished chain.
#      'There are 5 letters in the word "educa".'
```

第 6 步：为智能体添加记忆模块。

为了使智能体能够保持上下文记忆并处理连续对话，我们还需要执行两个关键操作：在提示中添加记忆变量的位置以及在 AgentExecutor 中添加记忆对象。

在这一步中，首先，为了让智能体能够记住历史对话和上下文，需要在提示中创建一个位置来存储记忆变量。这可以通过在提示中添加一个消息占位符来实现，该占位符使用键 chat_history。

```
# 导入所需的库或模块
from langchain.prompts import MessagesPlaceholder

# 定义一个记忆键（MEMORY_KEY），用于在提示中引用记忆位置，标识智能体中的对话历史或对
# 话记忆
MEMORY_KEY = "chat_history"

# 使用 OpenAIFunctionsAgent 的 create_prompt 函数创建提示（prompt）
prompt = OpenAIFunctionsAgent.create_prompt(
    system_message=system_message,
    extra_prompt_messages=[MessagesPlaceholder(variable_name=MEMORY_KEY)]
# 将一个消息占位符添加到额外的提示消息中
)
```

接下来，需要在 AgentExecutor 中创建一个记忆对象，并将其添加到代理运行时环境中。记忆对象可以存储历史对话、上下文和其他重要信息，以便代理能够更好地理解和生成文本响应。我们使用 ConversationBufferMemory 来创建记忆对象，并设置了 memory_key 等参数，以与提示中的记忆位置匹配。

```
# 导入所需的库或模块
from langchain.memory import ConversationBufferMemory

# 创建一个 ConversationBufferMemory 对象
memory = ConversationBufferMemory(memory_key=MEMORY_KEY, # 指定记忆对象的键
# 以便在后续代码中与记忆位置匹配
                return_messages=True)
```

最后，将这些组件组合在一起，就实现了一个能够处理连续对话的智能体。

```
# 创建 OpenAIFunctionsAgent 实例
agent = OpenAIFunctionsAgent(llm=llm, tools=tools, prompt=prompt)
# 创建 AgentExecutor 对象，代表智能体运行时
agent_executor = AgentExecutor(agent=agent, tools=tools, memory=memory,
verbose=True)
```

现在，智能体可以记住之前的交互，能够根据上下文理解和回答后续问题。

```
agent_executor.run("how many letters in the word educa?")
agent_executor.run("is that a real word?")
```

通过添加记忆模块，智能体变得更加强大，可以更好地处理实际对话场景。

这是构建自定义大语言模型智能体的基础，您可以根据具体需求进一步扩展它，以完成更复杂的任务和对话。

8.4　小结

本章介绍了智能体这一重要组件，其核心理念是将大语言模型作为强大的推理引擎，以更加灵活、个性化和智能的方式执行操作。利用大语言模型的强大语言理解和生成能力，智能体能够根据输入文本和上下文灵活地选择操作。这意味着智能体可以更好地适应不同的情境和用户需求，而不仅仅是按照预定的操作链执行任务。它可以轻松地集成自定义工具和插件，扩展其功能，以执行各种任务，从而更好地适应多样化的应用场景。

第9章

实践：对话机器人

对话机器人是大语言模型的核心应用之一。对话机器人的核心特点是可以进行长时间对话，并可以访问用户想要了解的信息。

除了基本的提示和大语言模型，记忆和检索也是对话机器人的核心组成部分。记忆允许对话机器人记住过去的交互信息，检索则为对话机器人提供了最新的领域特定信息。

9.1 流程概述

对话机器人的整体结构如图 9-1 所示。需要注意的是对话模型接口是基于消息而不是原始文本的，有几个重要的组件需要考虑。

- 对话模型：在这里查看对话模型集成的列表，并查看 LangChain 中对话模型接口的文档。您也可以使用大语言模型来创建对话机器人，但对话模型的语气更为人性化，并本地支持消息接口。

- 提示模板：提示模板使组装提示变得容易，这些提示包括默认消息、用户输入、历史对话和（可选）附加的检索上下文。

- 记忆：有关记忆类型的详细文档，请参见此处[1]。
- 检索器（可选）：有关检索系统的详细文档，请参见此处[2]。如果您想构建具有领域特定知识的对话机器人，那么这些信息非常有用。

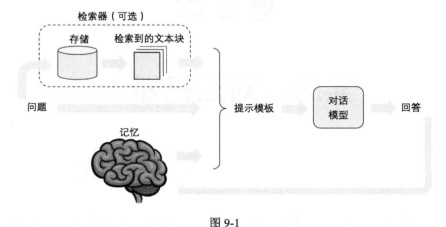

图 9-1

9.2 实现步骤

基于记忆的对话机器人

本节将介绍如何基于 LangChain 实现一个基本的具备历史对话记忆功能的对话机器人。

这里首先导入 pprint 库以优美的格式输出数据以进行调试，然后导入 LangChain 框架的相关模块，包括 LLMChain、ChatOpenAI、ConversationBufferMemory 等，并对对话机器人的模型和对话模板进行定义。

```
from pprint import pprint

from langchain.chains import LLMChain
```

---

① https://python.langchain.com/docs/modules/memory/。

② https://python.langchain.com/docs/modules/data_connection/retrievers。

```
from langchain.chat_models import ChatOpenAI
from langchain.memory import ConversationBufferMemory
from langchain.prompts import (ChatPromptTemplate,
HumanMessagePromptTemplate,
                        MessagesPlaceholder,
                        SystemMessagePromptTemplate)
# 创建一个 ChatOpenAI 对象作为 LLM 对话模型的实例
llm = ChatOpenAI()

# 创建一个对话提示模板，定义模型与用户之间的交互
prompt = ChatPromptTemplate(
    messages=[
        SystemMessagePromptTemplate.from_template("你是一个友好的对话机器人，正
在与人进行对话，你会遵循人的所有指令，如果人让你扮演某个角色，那么你会一直扮演该角色直
到人说可以停止扮演。"),
        # 此处的 variable_name 必须与记忆(memory)中的名称对应
        MessagesPlaceholder(variable_name="chat_history"),
        HumanMessagePromptTemplate.from_template("{question}"),
    ]
)
```

然后，创建一个 ConversationBufferMemory 对象，它允许对话机器人记住之前的消息和上下文，以便更好地理解和回复用户。这一步会将 ChatOpenAI 模型、对话提示模板和记忆整合到 LLMChain 对象中，准备开始对话。

```
# 注意设置 return_messages=True，以适应 MessagesPlaceholder
# 注意"chat_history" 与 MessagesPlaceholder 的名称对齐
memory = ConversationBufferMemory(memory_key="chat_history",
return_messages=True)

# 创建一个 LLMChain，整合了 LLM、提示模板和记忆
conversation = LLMChain(llm=llm, prompt=prompt, verbose=True,
memory=memory)
```

最后，通过向 LLMChain 对象传递一个包含问题的字典，开始与对话机器人进行交互。机器人会根据提示模板的定义回复用户，并输出回复。

这段代码还展示了如何连续进行多轮对话，用户提出不同的问题，机器人会根据上下文进行回复。

此外，pprint(response["chat_history"]) 输出了整个对话，其中包括用户和机器人的消息。

```
# 调用 LLMChain 并传递问题变量，chat_history 将由记忆(memory)填充
response = conversation({"question": "我的偶像是篮球运动员科比·布莱恩特，你现在
需要假扮成科比和我聊天"})
print(response["text"])
# -> 当然没问题！你好，我是科比·布莱恩特。很高兴能和你聊天！请问有什么关于篮球或者其
# 他事情我可以帮助你的吗？


response = conversation({"question": "如何提升我的投篮准确度？"})
print(response["text"])
# -> 嗨！要提高投篮准确度，有几个关键点你可以注意一下：

# -> 1．基本功：确保你的投篮姿势正确。双脚分开与肩同宽，身体略微弯曲，手臂握球放松。重
# 要的是要有稳定的平衡和统一的动作。

# -> 2．眼睛注视目标：在投篮的时候，要专注于篮筐或者篮板。不要把目光转移到球或者自己的
# 手上，集中注意力于目标，这样可以提高准确度。

# -> 3．练习：投篮是需要不断练习的。找到一个合适的练习时间和地点，每天坚持练习投篮动作
# 和技巧。可以从近距离开始，逐渐增加距离和难度，提高准确度和稳定性。

# -> 4．视频分析：对自己的投篮动作进行录像，然后仔细观察和分析。看看是否存在一些不规范
# 的动作或者技巧，然后进行调整和改进。

# -> 5．心理调节：保持积极的心态和自信心，相信自己可以做到。不要过分焦虑或者紧张，放松
# 心情，享受投篮的过程。

# -> 希望这些提示能对你有所帮助！记住，不断的练习和坚持是提高投篮准确度的关键。


response = conversation({"question": "凌晨 4 点的洛杉矶是什么样的？"})
print(response["text"])
# -> 凌晨 4 点的洛杉矶通常是相当安静的。大部分人在这个时候休息睡觉，所以街上的车辆和行
# 人相对较少。夜晚的洛杉矶有时会有一些噪音和活动，但在凌晨 4 点，城市会更加宁静。你可以
# 看到一些早起的晨运者或者清洁工人在街上工作，但整体来说，城市还是相当宁静的。如果你在
# 那个时候外出，那么可能感受到一种独特的宁静和寂静的氛围。


pprint(response["chat_history"])
# -> [HumanMessage(content='我的偶像是篮球运动员科比布莱恩特，你现在需要假扮成科比
# 和我聊天', additional_kwargs={}, example=False),
# -> AIMessage(content='当然没问题！你好，我是科比布莱恩特。很高兴能和你聊天！请问
# 有什么关于篮球或者其他事情我可以帮助你的吗？', additional_kwargs={},
# example=False),
# -> HumanMessage(content='如何提升我的投篮准确度？', additional_kwargs={},
# example=False),
# -> AIMessage(content='嗨！要提高投篮准确度，有几个关键点你可以注意一下：\n\n1. 基
```

```
# 本功：确保你的投篮姿势正确。双脚分开与肩同宽，身体略微弯曲，手臂握球放松。重要的是要
# 有稳定的平衡和统一的动作。\n\n2．眼睛注视目标：在投篮的时候，要专注于篮筐或者篮板。
# 不要把目光转移到球或者自己的手上，集中注意力于目标，这样可以提高准确度。\n\n3．练习：
# 投篮是需要不断练习的。找到一个合适的练习时间和地点，每天坚持练习投篮动作和技巧。可以
# 从近距离开始，逐渐增加距离和难度，提高准确度和稳定性。\n\n4．视频分析：对自己的投篮
# 动作进行录像，然后仔细观察和分析。看看是否存在一些不规范的动作或者技巧，然后进行调整
# 和改进。\n\n5．心理调节：保持积极的心态和自信心，相信自己可以做到。不要过分焦虑或者
# 紧张，放松心情，享受投篮的过程。\n\n 希望这些提示能对你有所帮助！记住，不断的练习和坚
# 持是提高投篮准确度的关键。加油！', additional_kwargs={}, example=False),
# -> HumanMessage(content='凌晨 4 点的洛杉矶是什么样的？', additional_kwargs={},
# example=False),
# -> AIMessage(content='凌晨 4 点的洛杉矶通常是相当安静的。大部分人都在这个时候休息
# 睡觉，所以街上的车辆和行人都会相对较少。夜晚的洛杉矶有时会有一些噪音和活动，但在凌晨 4
# 点，城市会更加宁静。你可以看到一些早起的晨运者或者清洁工人在街上工作，但整体来说，城
# 市还是相当宁静的。如果你在那个时候外出，那么可能感受到一种独特的宁静和寂静的氛围。',
# additional_kwargs={}, example=False)]
```

在这个对话示例中，我们设置了一个系统消息模板，要求对话机器人扮演篮球运动员科比与我们对话。这种设置可以让对话机器人更好地理解我们希望它扮演的角色，并能够对一些简单的事实性问题进行回答，例如科比获得的总冠军次数。需要注意的是，一些早期版本的大语言模型在回答事实性问题方面可能表现一般，甚至在不确定的情况下也会给出回复，从而导致事实性错误。

此外，通过"凌晨 4 点的洛杉矶"这个问题，我们可以看出对话机器人对科比的一些细节情况了解不充分。例如，尽管科比曾提到他曾在凌晨 4 点观赏洛杉矶的风景，但对话机器人未能理解用户提出这个问题的目的。

以上这段代码演示了如何使用 LangChain 框架创建一个基于 ChatOpenAI 模型的对话机器人，并进行简单的多轮对话。LangChain 提供了一个灵活且强大的框架，可用于构建更复杂的自然语言处理应用。如果您希望降低大语言模型在回答事实性问题时的错误率，那么可以借助文档检索来实现。

基于记忆与文档检索的对话机器人

现在，假设我们想要基于文档或其他知识源进行对话。这是一个常见的用例，将对话与文档检索结合，使我们能够基于未经训练的特定信息与模型进行对话。

```
from pprint import pprint

from langchain.chains import ConversationalRetrievalChain
from langchain.chat_models import ChatOpenAI
from langchain.document_loaders import WebBaseLoader  # 导入
# WebBaseLoader 用于加载网页文档
from langchain.embeddings import OpenAIEmbeddings
from langchain.memory import ConversationBufferMemory  # 导入
# ConversationBufferMemory 用于创建记忆
from langchain.prompts.prompt import PromptTemplate
from langchain.text_splitter import RecursiveCharacterTextSplitter  # 导入
# RecursiveCharacterTextSplitter 用于拆分文档
from langchain.vectorstores import Chroma

# 使用 WebBaseLoader 加载维基百科上的科比·布莱恩特页面
loader = WebBaseLoader("https://en.wikipedia.org/wiki/Kobe_Bryant")
data = loader.load()

# 使用 RecursiveCharacterTextSplitter 将文档拆分成多个片段
text_splitter = RecursiveCharacterTextSplitter(chunk_size=500,
chunk_overlap=0)
all_splits = text_splitter.split_documents(data)

# 创建 ChatOpenAI 实例
llm = ChatOpenAI()

# 使用 Chroma 和 OpenAIEmbeddings 将文档转化为向量
vectorstore = Chroma.from_documents(documents=all_splits,
embedding=OpenAIEmbeddings())

# 创建 ConversationBufferMemory，用于存储聊天记录
memory = ConversationBufferMemory(
    llm=llm, memory_key="chat_history", return_messages=True
)

# 定义一个模板，用于将用户的问题重新表述成独立问题
_template = """给定以下对话和后续问题，请将后续问题重新表述为一个独立的问题，使用其
原始语言。

聊天记录：
{chat_history}
后续输入：{question}
独立问题："""
CONDENSE_QUESTION_PROMPT = PromptTemplate.from_template(_template)
```

```
# 使用 Chroma 检索器创建 ConversationalRetrievalChain
retriever = vectorstore.as_retriever()
qa = ConversationalRetrievalChain.from_llm(
    llm,
    retriever=retriever,
    memory=memory,
    verbose=True,
    condense_question_prompt=CONDENSE_QUESTION_PROMPT,
)

# 查询科比获得过多少次 NBA 总冠军
response = qa("科比拿过多少次 NBA 总冠军？")
print(response["answer"])
# -> 科比·布莱恩特（Kobe Bryant）在 NBA 职业生涯中共获得了 5 次总冠军。

# 查询科比是哪年退役的
response = qa("科比是哪年退役的？")
print(response["answer"])
# -> 科比在 2016 年退役。
```

　　这段代码展示了如何使用不同的自然语言处理和信息检索工具，包括语言模型、文档向量化、记忆存储等，来构建一个对话机器人系统，该系统可以从维基百科页面中提取信息并回答用户的自然语言问题。由于有维基百科文档中的具备一定准确性的知识作为参考，因此对话机器人能够通过相关性检索找出文档中与用户问题相关的内容，从而向用户输出更合适的信息。

9.3　小结

　　本章深入探讨了一个具备记忆功能的对话机器人示例，并演示了如何将文档检索融入其中，以降低对话机器人产生事实性错误的可能性。通过这一示例，我们学到了以下关键概念和技术。

- 记忆功能的引入：我们了解了如何为对话机器人添加记忆功能，以便存储和检索之前的历史对话。这有助于对话机器人更好地理解上下文并进行连贯的对话。

- 文档检索的重要性：我们强调了文档检索在对话机器人中的关键作用。通过将外部文档（如维基百科页面）转化为向量表示，并建立检索链，对话机器人能够动态地获取相关信息，以在回答用户问题时提供准确的信息。

这些概念和技术在构建高效的自然语言处理系统和智能助手领域具有广泛的应用前景。

第10章

代码理解实践

源代码分析是大语言模型在技术领域的重要应用之一,涵盖了从问题解答到智能化提示和自动化文档化的多个方面。通过大语言模型的强大能力,开发人员可以更高效地理解、优化和维护代码,改进软件开发流程。常见用例包括 GitHub Co-Pilot、Code Interpreter、Codium 和 Codeium 等。

(1)代码库的问答:深入理解工作原理。在软件开发过程中,理解现有代码库的工作原理至关重要。大语言模型能够对代码进行分析,帮助开发人员提出问题并获取关于代码行为和逻辑的详细解释。这种问答方法有助于新手开发人员更快地融入项目,同时能为有经验的开发人员提供更深入的洞察。

(2)提供重构或改进建议:大语言模型不仅可以用于问题回答,还可以提供智能化的重构或改进建议。开发人员可以与大语言模型交互,以获取有关代码优化、性能改进、规范遵循等方面的建议。这种智能化的辅助有助于提高代码质量和开发效率。

(3)代码文档化:简化代码维护和知识传递过程。源代码的文档化是代码维护和知识传递的关键部分。大语言模型可以用于自动生成代码注释、函数说明和使用示例,从而减轻开发人员手动编写文档的负担。这有助于提高代码的可读性和可维护性,使团队成员更轻松地理解和使用代码。

本章将深入介绍如何使用 LangChain 理解代码。

10.1　流程概述

代码理解的过程与使用文档回答问题类似，但也有一些不同之处。主要的区别在于如何组织和分割代码以进行分析，从而更好地适应代码的结构和逻辑。特别是，我们可以采用分割策略执行以下操作。

- 将代码中的每个顶层函数和类都加载到单独的文档中，由此可以针对每个模块更准确地回答问题。

- 将其余部分放入单独的文档中，目的是保持代码的整体结构和组织，使得回答问题的过程更加直观。

- 保留关于每个分割来自何处的元数据，记录每个模块或片段来自哪部分代码，以便在后续的问答和分析中准确追踪和引用。

以下是代码理解的基本步骤，整体流程如图 10-1 所示。

（1）加载代码：将要分析的代码加载到 LangChain 中。这通常涉及遍历代码存储库并加载所有 Python（.py）文件。

（2）切分代码：将代码切分成适合嵌入和向量化的块。这有助于大语言模型更好地理解代码的结构。

（3）检索 QA：存储代码以便进行语义搜索。这通常涉及将代码的内容嵌入向量存储器，以便我们针对其内容执行检索操作，得到代码。

（4）测试交互：与大语言模型进行交互，根据用户提出的问题及预设的提示模板来获得答案。这可以帮助我们理解代码的工作原理，提出改进建议或生成文档。

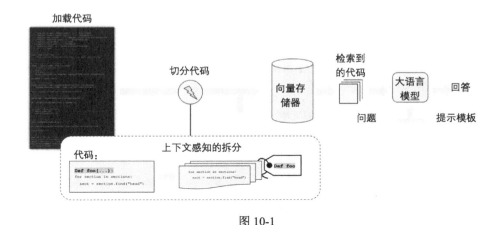

图 10-1

10.2　详细步骤

代码理解的详细步骤如下。

加载代码

首先，加载待分析的代码。根据数据源的类型选择适当的加载器，将数据转换为 LangChain 文档格式，为后续步骤做好准备。通常，我们会遍历代码存储库中的文件，并加载每个 Python 文件。

```
# 导入所需的库和模块
import os
from git import Repo # pip install gitpython
from langchain.text_splitter import Language
from langchain.document_loaders.generic import GenericLoader
from langchain.document_loaders.parsers import LanguageParser

# 设置 LangChain 存储库的路径（注意需要替换为本地的 LangChain 存储库路径）
repo_path = "/home/lwz/langchain"
if not os.path.exists(repo_path):
    # 如果本地没有 LangChain 存储库，则从 GitHub 上复制
    repo = Repo.clone_from("https://github.com/langchain-ai/langchain",
to_path=repo_path)
```

```
# 创建 GenericLoader 对象，指定加载参数
# GenericLoader 用于加载文档，这些文档通常是代码文件
# 以下参数设置了加载文档的配置
# repo_path：指定代码存储库的根目录路径
# glob：使用通配符选择要加载的文件
# suffixes：指定文件后缀（这里是.py，表示 Python 源代码文件）
# parser：指定用于解析文档的语言解析器，这里使用 Python 解析器
# parser_threshold：指定解析器的阈值，表示解析的最小文档大小
loader = GenericLoader.from_filesystem(
    repo_path+"/libs/langchain/langchain",
    glob="**/*",
    suffixes=[".py"],
    parser=LanguageParser(language=Language.PYTHON, parser_threshold=500)
)
documents = loader.load()[:100] # 加载文档 (注意：为了满足 OpenAI 的 token 数
# 量限制，这里只加载了前 100 个文档，真实场景下建议加载全部文档)
# 上述代码将遍历指定的文件夹（repo_path+"/libs/langchain/langchain"）
# 找到所有以.py 为后缀的 Python 源代码文件，并加载它们作为文档
# 加载后的文档将存储在 documents 列表中

print(len(documents)) # 显示加载的文档数量，注意这个数量可能会随着 LangChain 存储
# 库的更新而变化
# -> 100 (注意：由于在上一代码中只取了前 100 条，所以这里应该会显示 100)
```

在这一步中，首先创建一个名为 loader 的 GenericLoader 对象，用于从指定的存储库中加载文档（通常是代码文件）。然后使用 loader.load 方法遍历指定的存储库路径，找到所有满足配置条件的文档（Python 源代码文件），并将它们加载为文档。这些文档将被存储在名为 documents 的列表中。在这一步中，我们将每个 Python 文件加载为一个文档，准备进行后续分析。

切分代码

接下来，利用文本切分器将代码切分成适当的块，以便进行嵌入和向量存储。

可以通过 LangChain 的 RecursiveCharacterTextSplitter 来实现，我们可以为切分指定不同的参数，例如块的大小和重叠。

```python
from langchain.text_splitter import RecursiveCharacterTextSplitter

# 创建 RecursiveCharacterTextSplitter 对象，指定切分参数
```

```
# RecursiveCharacterTextSplitter 是用于将文档切分成小块的工具
# 这些小块可以更好地被嵌入和向量化，以供后续的代码理解和分析
# 创建名为 python_splitter 的 RecursiveCharacterTextSplitter 对象
# 并为它指定以下切分参数
# - language=Language.PYTHON：指定要切分的文档的语言，这里是 Python
# - chunk_size=800：指定每个切分块的大小，这里是 800 个字符
# - chunk_overlap=50：指定切分块之间的重叠量，这有助于确保信息不会在块之间丢失
python_splitter =
RecursiveCharacterTextSplitter.from_language(language=Language.PYTHON,
                                             chunk_size=800,
                                             chunk_overlap=50
                                             )

# 切分文档
# 使用 python_splitter 对象的 split_documents 方法，将之前加载的文档 documents 切
分成小块（文本块）
texts = python_splitter.split_documents(documents)
len(texts)  # # 显示切分后的文本块数量
```
```

## 检索 QA

在代码理解中，我们需要存储代码以便进行语义搜索。通常，我们会将代码内容

嵌入向量存储器，并为其创建检索器，以便根据问题检索相关代码。

```
from langchain.vectorstores import Chroma
from langchain.embeddings.openai import OpenAIEmbeddings

# Chroma 是一个向量存储工具，用于将文本嵌入（Embed）成向量并进行存储，以便进行语义搜
# 索和检索
# 创建名为 db 的 Chroma 向量存储对象，并为其指定以下参数
# texts：切分后的文本块列表，这些文本块通常是之前切分过的代码文本
# OpenAIEmbeddings(disallowed_special=())：用于嵌入文本的模型，这里使用了 OpenAI
# 的嵌入模型
db = Chroma.from_documents(texts, OpenAIEmbeddings(disallowed_special=()))

# 创建检索器（Retriever）
# 在向量存储对象（Chroma）上创建检索器，以便进行语义检索
retriever = db.as_retriever(
    search_type="mmr",  # 指定检索类型为"mmr"（最大边际相关性），也可以测试
# "similarity"（相似性）
    search_kwargs={"k": 8},  # 指定检索参数，例如返回前 8 个相关文本
)
```

在这一步中，首先创建一个名为 db 的 Chroma 向量存储对象。然后使用
```

Chroma.from_documents(texts,OpenAIEmbeddings(disallowed_special=()))创建 Chroma 对象。最后在向量存储对象（Chroma）上创建一个名为 retriever 的检索器。

这一步确保我们可以以高效的方式进行语义搜索，以便找到与问题相关的代码。

测试交互

最后，我们可以与大语言模型进行交互，提出问题并获得答案。这使我们能够深入了解代码的工作原理，并从中获得有关代码的洞见。

```python
from langchain.chat_models import ChatOpenAI
from langchain.memory import ConversationSummaryMemory
from langchain.chains import ConversationalRetrievalChain

# 创建名为 llm 的 ChatOpenAI 对话模型对象，用于自然语言处理的对话模型
# 可以用于提问和获取答案，并为其指定以下参数
# model_name="gpt-4": 指定要使用的对话模型，这里使用了 GPT-4 模型
llm = ChatOpenAI(model_name="gpt-4")
# 如果 OpenAI GPT-4 没有开通则选择 GPT-3.5-Turbo

# 创建名为 memory 的 ConversationSummaryMemory 对象，用于存储和管理对话历史
# 并为其指定以下参数
# llm=llm: 将之前创建的 ChatOpenAI 对话模型 llm 与 memory 关联，存储和管理历史对话
# memory_key="chat_history": 指定用于存储历史对话的内存键
# - return_messages=True: 设置为 True，以便在检索答案时返回对话的详细信息
memory = ConversationSummaryMemory(llm=llm,memory_key=
"chat_history",return_messages=True)

# 创建名为 qa 的 ConversationalRetrievalChain 对象，用于处理对话问题和检索答案
# 使用 from_llm 方法初始化，指定以下参数
# llm=llm: 将之前创建的 ChatOpenAI 对话模型 llm 与 qa 关联，以便处理问题和提供答案
# retriever=retriever: 用于检索相关文本块的检索器，通常是前面创建的 Chroma 检索器
# memory=memory: 用于存储和管理历史对话的内存工具
qa = ConversationalRetrievalChain.from_llm(llm, retriever=retriever,
memory=memory)

# 提出一个问题并使用 qa 对象获取答案
question = "How can I initialize a ReAct agent?" # 指定要提出的问题
result = qa(question) # 使用 qa 对象提出问题，获取答案并将结果存储在 result 变量中
print(result['answer']) # 从结果中提取具体答案
# -> To initialize a ReAct agent, you can use the `ReActChain` class from
the `langchain.agents` module. Here is an example of how to initialize a ReAct
```

```
agent:
# -> ```
# -> from langchain.agents import ReActChain
# -> agent = ReActChain()
# -> ```
# -> Once initialized, you can use the `agent` object to interact with the
# ReAct agent and perform actions.
```

　　在这一步中，首先创建用于提问和获取答案的对话模型（ChatOpenAI），以及与之关联的内存工具（ConversationSummaryMemory）和问题处理工具链（ConversationalRetrievalChain）。然后提出一个问题并获取答案。通过与对话模型进行交互，可以获取有关代码的问题的答案，这有助于理解代码中的细节和逻辑。

　　此外，我们还可以提出一系列问题并获取答案，以深入了解代码的不同方面。

10.3　小结

　　代码理解是 LangChain 的强大应用之一，它可以帮助开发人员更好地理解、分析和优化代码。通过加载、切分、检索和与大语言模型进行交互，我们可以获得有关代码的详细信息，提出改进建议，并更好地理解代码的内部工作原理。这对于开发和维护大型代码库非常有帮助。

第11章

检索增强生成

检索增强生成（Retrieval Augmented Generation，RAG）是从外部获取事实来增强生成式人工智能模型准确性和可靠性的技术。

法官通常根据他们对法律的一般理解裁决案件，但在特殊情况下，例如医疗事故诉讼或劳资纠纷等案件，需要深入的专业知识。为了确保裁决的权威性和准确性，法官可能派遣法庭书记员去法律图书馆查找可以引用的先例。

就像一个优秀的法官需要深厚的法律知识一样，大语言模型也能回答用户提出的各种问题。然而，为了提供权威性的答案，并支持模型生成的信息，还需要进行一些研究。这个过程类似于法庭书记员的工作，被称为检索增强生成，如图 11-1 所示。

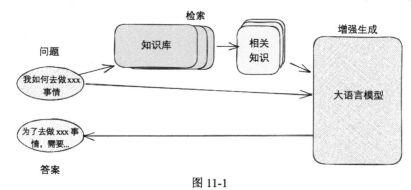

图 11-1

第 11 章　检索增强生成

在检索增强生成过程中，模型会利用网络检索、知识库检索等工具，通过检索与用户问题相关的文献和先例，获取权威性引用来源。这样一来，模型生成的答案不仅基于其预训练的知识，还结合了最新的检索信息，准确性和可信度得到提升。这种综合性的方法使得大语言模型更适合回答涉及专业领域的问题。

本章将详细介绍基于网络检索信息的检索增强生成系统——WebLangChain。通过整合 LangChain，WebLangChain 成功将大语言模型与最受欢迎的外部知识库之一——互联网紧密结合。目前，中文社区中的大语言模型蓬勃发展，可供利用的开源大语言模型很多，ChatGLM、Baichuan、Qwen 等大语言模型针对中文交互场景进行了优化，提升了对中文的理解能力。所以我们还将介绍如何在检索增强生成应用中集成中文社区广泛使用的开源模型 ChatGLM3，进一步拓展系统的适用性和性能，更好地服务于中文用户。

接下来，我们利用文本切分器将加载的代码切分成适当的块，以便进行嵌入和向量存储。这可以通过 LangChain 的 RecursiveCharacterTextSplitter 来实现，我们可以指定切分过程中的参数，例如块的大小和重叠。

```
from langchain.text_splitter import RecursiveCharacterTextSplitter

# RecursiveCharacterTextSplitter 是用于将文档切分成小块的工具
# 这些小块可以更好地被嵌入和向量化，以供后续的代码理解和分析
# 创建名为 python_splitter 的 RecursiveCharacterTextSplitter 对象
# 并为它指定以下切分参数
# language=Language.PYTHON：指定要切分的文档的语言，这里是 Python
# chunk_size=2000：指定每个切分块的大小，这里是 2000 个字符
# chunk_overlap=200：指定切分块之间的重叠量，这有助于防止信息在块之间丢失
python_splitter =
RecursiveCharacterTextSplitter.from_language(language=Language.PYTHON,
                                             chunk_size=2000,
                                             chunk_overlap=200)


# 切分文档
# 使用 python_splitter 对象的 split_documents 方法
# 将之前加载的文档 documents 切分成小块（文本块）
texts = python_splitter.split_documents(documents)
len(texts)  # 显示切分后的文本块数量
```

在这一步中，首先创建一个名为 python_splitter 的 RecursiveCharacterTextSplitter 对象，它是切分文档的工具。然后使用 python_splitter 对象的 split_documents 方法，对之前加载的文档 documents 进行切分。切分的目的是将文档划分为适当大小的文本块，以便进行后续分析和处理。在这一步中，我们将之前加载的文档切分成适当大小的文本块。这些文本块将在后续的代码理解流程中被用于更好地理解和分析代码，确保代码的结构被保留并能够被大语言模型更好地处理。

11.1　LCEL

LCEL（Lang Chain Expression Language）可以将一些有趣的 Python 概念抽象成一种格式，从而构建 LangChain 组件链的"极简主义"代码层。

LCEL 具有以下特点。

- 速度极快的开发链。

- 高级特性，如流式处理、异步、并行执行等。

- 可以与 LangSmith 和 LangServe 等工具集成。

本章的 WebLangChain-ChatGLM 的代码会使用一些 LCEL 语法，所以这里将简单介绍 LCEL 是什么，它是如何工作的，以及 LCEL 链、管道和可运行项的基本要点。

LCEL 语法示例

为了理解 LCEL 语法，让我们首先使用传统的 LangChain 语法构建一个简单的链。

```
# 导入所需的模块和类
from langchain.chat_models import ChatOpenAI
from langchain.prompts import ChatPromptTemplate
from langchain.schema.output_parser import StrOutputParser
from langchain.chains import LLMChain
```

```
# 创建对话提示模板，指定要获取的主题
prompt = ChatPromptTemplate.from_template(
    "给我一个关于{topic}的一句话介绍"
)

# 创建 ChatOpenAI 模型实例
model = ChatOpenAI(temperature=0)

# 创建输出解析器实例
output_parser = StrOutputParser()

# 创建 LLMChain 链，将对话提示、模型和输出解析器组合在一起
chain = LLMChain(
    prompt=prompt,
    llm=model,
    output_parser=output_parser
)

# 运行链，并指定主题为"大语言模型"
out = chain.run(topic="大语言模型")
print(out)
# -> 大语言模型是一种基于深度学习的人工智能技术，能够自动学习和生成自然语言文本，应用
# 广泛，如机器翻译、文本生成和对话系统等
```

这个链的目标是使用 ChatOpenAI 模型生成一个简短的关于指定主题的介绍。我们通过设置温度参数为 0，确保模型生成的结果准确性更高，更加可控。

而通过 LCEL 语法，我们使用管道操作符（|）而不是 LLMChain 来创建链。

```
# 使用 LangChain Expression Language（LCEL）创建链
lcel_chain = prompt | model | output_parser

# 运行链，并通过字典传递主题："大语言模型"
out = lcel_chain.invoke({"topic": "大语言模型"})
print(out)
# -> 大语言模型是一种基于深度学习的人工智能技术，能够自动学习和生成自然语言文本，应用
# 广泛，如机器翻译、文本生成和对话系统等
```

这里只使用了原生 Python，并不是典型的 Python 语法，但管道操作符简单地将左侧的输出传递给右侧的函数。

管道操作符的工作原理

为了理解 LCEL 和管道操作符的工作原理，我们创建自己的管道兼容函数。当 Python 解释器在两个对象之间看到管道操作符（如 a|b）时，它会尝试将对象 a 传递给对象 b 的 __or__ 方法。这意味着这些模式是等价的。

```
# 对象方法
chain = a.__or__(b)
chain("一些输入")

# 管道方法
chain = a | b
chain("一些输入")
```

考虑到这一点，我们可以构建一个 Runnable 类，它接受一个函数并将其转换为可以使用管道操作符与其他函数链接的函数。

```
class Runnable:
    def __init__(self, func):
        self.func = func

    def __or__(self, other):
        def chained_func(*args, **kwargs):
            # 其他函数使用这个函数的结果
            return other(self.func(*args, **kwargs))
        return Runnable(chained_func)

    def __call__(self, *args, **kwargs):
        return self.func(*args, **kwargs)
```

进行如下运算：取值 3，加 5（得到 8），然后乘以 2，最后期望得到 16。

```
def add_five(x):
    return x + 5

def multiply_by_two(x):
    return x * 2

# 使用 Runnable 包装这些函数
add_five = Runnable(add_five)
multiply_by_two = Runnable(multiply_by_two)

# 使用对象方法运行它们
```

```
chain = add_five.__or__(multiply_by_two)
print(chain(3))  # (3 + 5) * 2 = 16
# -> 16
```

直接使用 __or__ 可以得到正确答案，让我们尝试使用管道操作符将它们链接在一起。

```
# 将可运行的函数链接在一起
chain = add_five | multiply_by_two

# 调用链
print(chain(3))  # (3 + 5) * 2 = 16
# -> 16
```

无论使用哪种方法，都可以得到相同的响应，这就是 LCEL 在链接组件时使用的管道逻辑。

RunnableLambda 是一个 LangChain 抽象，它允许我们将 Python 函数转换为与管道兼容的函数，类似于我们在之前介绍的 Runnable 类。让我们尝试一下之前的 add_five 和 multiply_by_two 函数。

```
from langchain_core.runnables import RunnableLambda

# 使用 RunnableLambda 包装这些函数
add_five = RunnableLambda(add_five)
multiply_by_two = RunnableLambda(multiply_by_two)
```

与之前的 Runnable 抽象类似，我们可以使用管道操作将 RunnableLambda 抽象链接在一起。

```
# 将可运行的函数链接在一起
chain = add_five | multiply_by_two
```

与 Runnable 抽象不同，我们不能通过直接调用它来运行 RunnableLambda 链，而是必须调用 chain.invoke。

```
# 调用链
print(chain.invoke(3))
# -> 16
```

可以看到，使用 RunnableLambda 获得了和 Runnable 类似的结果。

通过 LCEL 我们可以轻松地构建链式结构。喜欢 LCEL 的人通常注重其极简的代码风格，以及对流式、并行操作和异步的支持，同时看好 LCEL 与 LangChain 在组件链式连接方面的良好集成。

然而，有些人对 LCEL 持有不太喜欢的态度。他们认为 LCEL 对已经非常抽象的库再加一层抽象，语法令人困扰，违背了"Python 之禅"，并且需要花费较多的时间来学习新的（或不太常见的）语法。

这两种观点都是有道理的，这是因为 LCEL 是一种极为不同的方法。由于 LCEL 具有快速开发的特性，目前在 LangChain 开源社区中被广泛使用。简单了解 LCEL 原理将帮助我们在今后使用各种 LangChain 代码时更加得心应手。

11.2 流程概述

一般的检索流程如下。

（1）使用包装了 Tavily 的 Search API 的检索器拉取与用户初始查询相关的原始内容。在随后的对话轮次中，将原始查询重新表述为不包含对历史对话的引用的"独立查询"（Standalone Query）。

（2）由于原始文档的大小通常超过模型的最大上下文窗口大小，我们执行额外的上下文压缩步骤来筛选传递给模型的内容。

- 先使用文本拆分器拆分检索到的文档。
- 再使用嵌入过滤器进一步删除那些与初始查询的相似性未达到阈值的文档块。

（3）将检索到的上下文、历史对话和原始问题传递给大语言模型作为最终生成的上下文。

11.3　详细步骤

环境准备

本节使用的代码基于 git 仓库进行管理，详细代码参考 GitHub 的代码仓库 WebLangChain-ChatGLM。首先需要将代码库下载到本地。

```
git clone git@github.com:kebijuelun/weblangchain_chatglm.git
```

然后参考下述流程分别对 ChatGLM3 和 WebLangChain 进行配置。

ChatGLM3 环境配置与运行方式

基于 conda 进行环境隔离。

```
conda create -n chatglm python==3.10; conda activate chatglm
```

注意：ChatGLM3 和 WebLangChain 的环境隔离很重要，这能避免一些库版本不兼容问题。

（1）拉取 ChatGLM3 代码模块。

```
git submodule update --init --recursive
```

（2）下载 ChatGLM3 的 huggingface 模型。

```
git clone https://huggingface.co/THUDM/chatglm3-6b
```

（3）添加 ChatGLM3 模型路径的环境变量。

```
export MODEL_PATH=$(realpath ./chatglm3-6b)
```

（4）安装环境依赖。

```
pip install -r requirements.txt
```

（5）部署 ChatGLM3 模型服务。

```
cd openai_api_demo; python3 openai_api.py
```

在默认情况下，模型以 FP16 的精度加载，部署 ChatGLM3 服务需要占用大约 13GB 显存。如果读者的显存无法满足需求，那么可以尝试使用 ChatGLM3 开源的低成本部署方式，以 4-bit 量化方式加载模型，将显存占用量缩小到 6G 左右。模型量化虽然会带来一定的性能损失，不过经过测试，ChatGLM3-6B 在 4-bit 量化下仍然能够进行自然流畅的生成①。

WebLangChain 环境配置与运行方式

基于 conda 进行环境隔离。

```
conda create -n weblangchain python==3.10; conda activate weblangchain
```

（1）安装后端依赖项。

```
poetry install
```

（2）添加环境变量。

```
source env.sh
```

注：确保设置环境变量以配置应用程序，在默认情况下，WebLangChain 使用 Tavily 从网页中获取内容。可以通过在 Tavily 中注册获取 Tavily API 密钥，并更新到 ./env.sh 中。同时，在 OpenAI 中注册，获取 OpenAI API 密钥并更新到 ./env.sh 中。如果想添加或替换不同的基本检索器（例如使用自己的数据源），那么可以在 main.py 中更新 get_retriever 方法。

（3）启动 Python 后端。

```
poetry run make start
```

（4）运行 yarn 安装前端依赖项。

- 安装 Node Version Manager（NVM）。

```
wget -qO- https://raw.githubusercontent.com/nvm-sh/nvm/v0.39.5/install.sh
| zsh
```

注：可能需要将 zsh 替换为用户使用的版本，如 bash。

- 设置 NVM 环境变量。

---

① ChatGLM3 的 HitHub 详见 THUDM/ChatGLM3。

```
export NVM_DIR="${XDG_CONFIG_HOME:-$HOME}/.nvm"; [ -s "$NVM_DIR/nvm.sh" ]
&& \. "$NVM_DIR/nvm.sh"
```

- 安装 Node.js 18。

```
nvm install 18
```

- 使用 Node.js 18。

```
nvm use 18
```

- 进入 "nextjs" 目录并使用 Yarn 安装依赖。

```
cd nextjs; yarn.
```

（5）启动前端。

```
yarn dev
```

（6）在浏览器中打开 localhost:3000。

使用方式

当成功完成以上环境配置后，可以在网页端看到图 11-2 所示的交互界面，该交互界面默认使用 Tavily 作为搜索工具，使用 ChatGLM3 作为大语言模型，支持挑选搜索工具和大语言模型。在对话框中，读者可以尝试咨询问题，WebLangChain 的目标是准确回答那些需要检索互联网内容的问题，所以对话框中也提供了一些问题示例。

图 11-2

图 11-3 是一个问题示例，我们在前端页面输入"宫保鸡丁怎么做？"这个问题。首先，WebLangChain-ChatGLM 根据用户输入的问题在互联网检索相关内容，可以看到有两个内容被检索出来。然后，大语言模型根据检索内容生成回复，详细介绍宫保鸡丁的做法。最后，Tavily 的检索会返回一些与用户问题相关的图片。

图 11-3

实现方式

WebLangChain-ChatGLM 代码库中有一些 JavaScript 代码用于搭建前端页面，

这里主要对与 LangChain 相关的 Python 后端代码进行介绍，主要的代码逻辑在代码仓库根目录下的 main.py 文件中。

　　为了突出代码的重点逻辑，这里仅对与功能主逻辑相关的代码按照顺序进行讲解。首先需要对大语言模型进行定义。

```
# OpenAI API 的基本地址 （注意这里其实是本地部署的 ChatGLM3 模型服务地址）
openai_api_base = "http://127.0.0.1:8000/v1"

# ChatOpenAI 模型的配置
llm = ChatOpenAI(
    model="gpt-3.5-turbo-16k",
    streaming=True,
    temperature=0.1,
).configurable_alternatives(
    # 为字段设置标识符
    # 在配置最终可运行时，可以使用此标识符指定该字段的配置
    # 支持模型在 GPT-Turbo-16K、ChatGLM3-6b 之间切换
    ConfigurableField(id="llm"),
    default_key="openai",
    # ChatOpenAI 模型的备用配置（chatglm）
    chatglm=ChatOpenAI(model="chatglm3-6b",
openai_api_base=openai_api_base)
)
```

　　这里的代码支持 OpenAI 的对话模型调用，同时支持调用本地部署的 ChatGLM3 模型服务。我们在前端设定了默认模型为 ChatGLM3，用户也可以选择 OpenAI 的模型来尝试检索增强生成。

　　然后定义检索器，这里默认使用 Tavily 检索器。

```
# 获取与 Tavily 相关的检索器链
def get_retriever():
    # 创建 OpenAI Embeddings 实例
    embeddings = OpenAIEmbeddings()

    # 创建 RecursiveCharacterTextSplitter 实例
    splitter = RecursiveCharacterTextSplitter(chunk_size=800,
chunk_overlap=20)

    # 创建 EmbeddingsFilter 实例，用于过滤相似度低于 0.8 的文档
    relevance_filter = EmbeddingsFilter(embeddings=embeddings,
```

```
similarity_threshold=0.8)

    # 创建 DocumentCompressorPipeline 实例，包含 splitter 和 relevance_filter
    pipeline_compressor = DocumentCompressorPipeline(
        transformers=[splitter, relevance_filter]
    )

    # 创建 TavilySearchAPIRetriever 实例，设置 k 值为 3，并包含原始内容和图像信息
    base_tavily_retriever = TavilySearchAPIRetriever(
        k=3,
        include_raw_content=True,
        include_images=True,
    )

    # 创建 ContextualCompressionRetriever 实例
    # 包含 pipeline_compressor 和 base_tavily_retriever
    tavily_retriever = ContextualCompressionRetriever(
        base_compressor=pipeline_compressor,
base_retriever=base_tavily_retriever
    )

    # 创建 GoogleCustomSearchRetriever 实例
    base_google_retriever = GoogleCustomSearchRetriever()

    # 创建 ContextualCompressionRetriever 实例
    # 包含 pipeline_compressor 和 base_google_retriever
    google_retriever = ContextualCompressionRetriever(
        base_compressor=pipeline_compressor,
base_retriever=base_google_retriever
    )

    # 创建 YouRetriever 实例，使用 YDC API 密钥
    base_you_retriever = YouRetriever(
        ydc_api_key=os.environ.get("YDC_API_KEY", "not_provided")
    )

    # 创建 ContextualCompressionRetriever 实例
    # 包含 pipeline_compressor 和 base_you_retriever
    you_retriever = ContextualCompressionRetriever(
        base_compressor=pipeline_compressor,
base_retriever=base_you_retriever
    )

    # 创建 KayAiRetriever 实例，设置数据集 ID、数据类型和上下文数量
```

```
base_kay_retriever = KayAiRetriever.create(
    dataset_id="company",
    data_types=["10-K", "10-Q"],
    num_contexts=6,
)

# 创建 ContextualCompressionRetriever 实例
# 包含 pipeline_compressor 和 base_kay_retriever
kay_retriever = ContextualCompressionRetriever(
    base_compressor=pipeline_compressor,
base_retriever=base_kay_retriever
)

# 创建 KayAiRetriever 实例
# 设置数据集 ID、数据类型和上下文数量为 PressRelease
base_kay_press_release_retriever = KayAiRetriever.create(
    dataset_id="company",
    data_types=["PressRelease"],
    num_contexts=6,
)

# 创建 ContextualCompressionRetriever 实例
# 包含 pipeline_compressor 和 base_kay_press_release_retriever
kay_press_release_retriever = ContextualCompressionRetriever(
    base_compressor=pipeline_compressor,
    base_retriever=base_kay_press_release_retriever,
)

# 返回 retriever 链，可配置不同的 retriever 作为默认值
# 并提供 Google、You、Kay 和 Kay Press Release 的备选项
return tavily_retriever.configurable_alternatives(
    ConfigurableField(id="retriever"),
    default_key="tavily",
    google=google_retriever,
    you=you_retriever,
    kay=kay_retriever,
    kay_press_release=kay_press_release_retriever,
).with_config(run_name="FinalSourceRetriever")

# 获取检索器
retriever = get_retriever()
```

这里主要关注 Tavily，它是一个搜索 API，专为智能体设计，用于实现 RAG。

通过 Tavily，开发人员可以轻松将应用程序与实时在线信息集成在一起。Tavily 的主

要目标是从可信赖的来源提供真实可靠的信息，提高 AI 生成内容的准确性和可靠性。Tavily 对于 RAG 应用非常友好，有以下几个特点。

- 速度快。

- 返回每个页面的良好摘要，因此不必加载所有页面。

- 返回与检索问题相关的图像。

让我们通过一个简单的检索来了解 Tavily 的调用方式和返回结果。

```
from langchain.retrievers.tavily_search_api import
TavilySearchAPIRetriever

retriever = TavilySearchAPIRetriever(k=1)
result = retriever.invoke("2022 年举办的足球世界杯冠军是？")
print(result[0])
# -> page_content='分享： 央视网消息：北京时间 12 月 19 日，2022 年卡塔尔世界杯决赛，
# 阿根廷对阵法国。上半场迪马利亚制造点球，梅西点球破门，随后迪马里亚进球扩大领先优势，
# 下半场姆巴佩梅开二度，加时阶段双方各入一球拖入点球大战。最终，阿根廷战胜法国夺得第三
# 个世界杯冠军。' metadata={'title': '世界杯-阿根廷点球大战战胜法国 时隔 36 年斩获
# 第三冠_体育_央视网(cctv.com)', 'source':
# 'http://worldcup.cctv.com/2022/12/19/ARTIxD38qwfaQp1YAK9Mx608221219.
# shtml', 'score': 0.95291, 'images': None}
```

这里可以看到，Tavily 返回的内容有与检索问题相关的网页内容和网址等信息。

在获取大语言模型和检索器后，我们需要将这两个组件连接为链。

```
def create_retriever_chain(
    llm: BaseLanguageModel, retriever: BaseRetriever
) -> Runnable:
    # 从模板创建重新表达问题的提示
    CONDENSE_QUESTION_PROMPT =
PromptTemplate.from_template(REPHRASE_TEMPLATE)

    # 创建重新表达问题的执行链，包含 CONDENSE_QUESTION_PROMPT、llm 和 StrOutputParser
    condense_question_chain = (
        CONDENSE_QUESTION_PROMPT | llm | StrOutputParser()
    ).with_config(
        run_name="CondenseQuestion",
    )

    # 创建对话链，包含重新表达问题的执行链和检索器
    conversation_chain = condense_question_chain | retriever
```

```
    # 创建分支执行链，根据是否有历史对话选择不同的路径
    return RunnableBranch(
        (
            RunnableLambda(lambda x:
bool(x.get("chat_history"))).with_config(
                run_name="HasChatHistoryCheck"
            ),

conversation_chain.with_config(run_name="RetrievalChainWithHistory"),
        ),
        (
            RunnableLambda(itemgetter("question")).with_config(
                run_name="Itemgetter:question"
            )
            | retriever
        ).with_config(run_name="RetrievalChainWithNoHistory"),
    ).with_config(run_name="RouteDependingOnChatHistory")

# 创建 LangChain 的执行链
def create_chain(
    llm: BaseLanguageModel,
    retriever: BaseRetriever,
) -> Runnable:
    # 创建检索器链
    retriever_chain = create_retriever_chain(llm, retriever) |
RunnableLambda(
        format_docs
    ).with_config(run_name="FormatDocumentChunks")

    # 创建 _context 执行映射，包含 "context"、"question" 和 "chat_history" 字段
    _context = RunnableMap(
        {
            "context":
retriever_chain.with_config(run_name="RetrievalChain"),
            "question":
RunnableLambda(itemgetter("question")).with_config(
                run_name="Itemgetter:question"
            ),
            "chat_history":
RunnableLambda(itemgetter("chat_history")).with_config(
                run_name="Itemgetter:chat_history"
            ),
        }
```

181

```
    )

    # 创建聊天提示
    prompt = ChatPromptTemplate.from_messages(
        [
            ("system", RESPONSE_TEMPLATE),
            MessagesPlaceholder(variable_name="chat_history"),
            ("human", "{question}"),
        ]
    )

    # 创建响应合成器，包含 prompt、llm 和 StrOutputParser
    response_synthesizer = (prompt | llm | StrOutputParser()).with_config(
        run_name="GenerateResponse",
    )

    # 创建完整的执行链，包含 "question"、"chat_history" 和 _context 字段
    return (
        {
            "question":
RunnableLambda(itemgetter("question")).with_config(
                run_name="Itemgetter:question"
            ),
            "chat_history": RunnableLambda(serialize_history).with_config(
                run_name="SerializeHistory"
            ),
        }
        | _context
        | response_synthesizer
    )

# 获取 LangChain 的执行链
chain = create_chain(llm, retriever)
```

可以看到，链的调用使用了 LCEL 语法。整个链条的调用也很清晰。

- 首选创建 retriever_chain，对于第一个问题，在没有历史对话的情况下会直接将问题传递给搜索引擎。而对于后续问题，根据历史对话生成一个单一的搜索查询传递给搜索引擎，使用 Tavily 获取搜索结果。

- 创建 _context 执行映射，用于获取搜索结果作为上下文内容。

- 将用户的问题（question）、历史对话（chat_history）、搜索内容（_context）整

　　合到 prompt 中。

- 将 prompt 送入大语言模型获取模型回复，最后提取输出文本作为返回结果。

提示的构造如下所示。

```
RESPONSE_TEMPLATE = """\
您是一位专业的研究员和作家，负责回答任何问题。

基于提供的搜索结果（URL 和内容），为给定的问题生成一个全面、丰富，但是简捷的答案，长度
不超过 250 个字。您必须只使用提供的搜索结果的信息。使用公正和新闻性的语气。将搜索结果合
并成一个连贯的答案。不要重复文本。一定要使用 [${{number}}] 标记引用的搜索结果。只引用
最相关的结果，以准确回答问题。将这些引用放在提到它们的句子或段落的末尾，不要全部放在末
尾。如果不同的结果涉及同名实体的不同部分，那么请为每个实体编写单独的答案。如果要在同一
个句子中引用多个结果，那么请将其格式化为 [${{number1}}] [${{number2}}]。然而，您
绝对不应该对相同的数字进行这样的操作，如果要在一句话中多次引用 number1，那么只需使用
[${{number1}}]，而不是 [${{number1}}] [${{number1}}]。

为了使您的答案更易读，您应该在答案中使用项目符号。在适用的地方放置引用，而不是全部放在
末尾。

如果上下文中没有与当前问题相关的信息，那么只需说"嗯，我不确定。"不要试图编造答案。

位于以下 context HTML 块之间的任何内容都是从知识库中检索到的，而不是与用户的对话的一
部分。
<context>
    {context}
<context/>

请记住：一定要在回答的时候带上检索的内容来源标号。如果上下文中没有与问题相关的信息，那
么只需说"嗯，我不确定。"不要试图编造答案。位于上述 'context' HTML 块之前的任何内容
都是从知识库中检索到的，而不是与用户的对话的一部分。
"""

REPHRASE_TEMPLATE = """\
考虑到以下对话和一个后续问题，请将后续问题重新表达为独立的问题。

聊天记录：
{chat_history}
后续输入：{question}
独立问题："""
```

　　可以看出，提示的主要目的是限制大语言模型的响应，使其参考检索结果。同时，
期望模型在响应中添加引用的具体编号。我们注意到，这一要求需要大语言模型具有

较强的指令跟随能力。使用 ChatGPT 3.5 相对于 ChatGLM 3 能够更高概率地获得期望的响应。然而，目前 ChatGLM 3 以远低于 ChatGPT 3.5 的参数量实现了相应的效果，这也表明了 ChatGLM 3 具有一定的实力。

通过 LangChain 实现的 RAG 流程简捷直观，我们将进一步讨论 RAG 的系统设计。

RAG 系统设计逻辑探讨

这里我们将参考 WebLangChain 的 RAG 系统设计思路简单讨论 RAG 系统中的注意事项[①]

什么时候进行查找？

RAG 应用程序的开发面临的一个关键决策是是否始终执行信息查找操作。如果应用程序更倾向于成为通用对话机器人，那么过度频繁地查找信息可能并非理想选择。在这种情况下，当用户与应用程序打招呼，例如说"你好"时，进行不必要的查找可能只是浪费时间和资源。确定是否执行信息查找的逻辑有多种，可以使用一个简单的分类层，确定是否值得进行信息查找。也可以允许大语言模型生成搜索查询，并在不需要查找信息时生成一个空的搜索查询。总是执行信息查找存在一些潜在问题，例如可能耗费过多时间和计算资源，我们需要根据产品的需求来设计搜索逻辑。

WebLangChain 选择了始终执行信息查找操作，这是由于 WebLangChain 试图构建一个服务于上网咨询问题人群的应用。这就对用户行为有了强烈的先验认知，在这种情况下，添加逻辑以确定是否执行信息查找操作可能会浪费成本（时间、金钱）并增加犯错误的风险。

然而，这一决策确实存在一些潜在问题——若始终执行信息查找操作，那么当有用户试图进行正常对话时，可能会显得有些奇怪。

直接使用用户的原始问题作为搜索词还是使用其派生词作为搜索词？

---

① WebLangChain 的 GitHub 代码仓库位于 THUDM/ChatGLM3。

RAG 的最直接的方法是使用用户的问题并直接查找该短语，这种方式既迅速又简便。然而，这一方法可能存在一些缺陷，具体而言，用户的输入可能未准确反映他们实际希望查找的内容。一个典型的示例是冗长的问题。冗长的问题通常包含大量词语，这些词语会分散注意力，使真正的问题难以辨认。以下搜索查询为例。

"嗨！我想知道一个问题的答案。可以吗？假设可以。我的名字是哈里森，是 LangChain 的首席执行官。我喜欢大语言模和 OpenAI。梅西·彼得斯是谁？"

上例中的问题是"梅西·彼得斯是谁"，但其中有许多分散注意力的文本。为解决这类问题，可以不使用原始问题，而是将用户的问题生成一个专门的搜索查询。这样做的优点是生成了一个更为明确的搜索查询，缺点是需要额外调用大语言模型。

WebLangChain 假设大多数初始用户的提问相当直接，因此选择直接查找原始查询。然而，这种方法可能无法有效处理案例中出现的问题。

如何处理多轮对话中的后续问题？

在基于聊天的 RAG 应用程序中，有效处理多轮对话中的后续问题是至关重要的任务，这是因为多轮对话引入了以下问题。

（1）如何处理历史对话的间接后续问题？

（2）应该如何应对与历史对话完全无关的后续问题？

两种常见的处理方式如下。

- **直接查找后续问题**：对于与历史对话毫不相干的问题，这种方式效果较好，但当后续问题涉及历史对话时可能存在问题。

- **利用大语言模型生成新的搜索查询（或查询）**：这种方式通常效果良好，但会增加一些额外的延迟。

多轮对话中的后续问题更有可能不是独立的良好搜索查询，为了解决这一问题，花费额外的成本和延迟以生成一个专门的搜索查询是值得的。例如，在第一轮对话中问了"梅西·彼得斯是谁？"，如果在第二轮对话中询问"她有哪些歌曲作品？"，那么针对前两轮问答生成一个搜索查询获得有效搜索结果，就能够更好地处理问话冗长的问题。

查找多个搜索词还是只查找一个？

搜索词的数量也需要一定考量。是否总是查找一个搜索词？还是可以查找 n 个搜索词？如果可以查找 n 个搜索词，那么 n 能否等于 0？允许可变数量的搜索词的好处是更加灵活。缺点是会引入更多的复杂性。这种复杂性是否值得呢？

n 为 0 表示不搜索，然而 WebLangChain 假设用户的使用目的是查找信息，因此，总是生成一个搜索词是合理的。生成多个搜索词会增加搜索时间，为了保持系统的简捷性，WebLangChain 将只生成一个搜索词。

然而，这样也有不足之处。考虑下面的问题。

"谁赢得了 2023 年第一场 NFL 比赛？谁赢得了 2023 年女足世界杯？"

这是就两件不同的事情提问，这时使用一个搜索词往往无法获取最佳的结果。查找到的结果一般只与其中一个问题有关，在不知道另一个问题的情况下，大语言模型通常会瞎编（在未完全解决幻觉问题的前提下）。

需要进行多次查找吗？

大多数 RAG 应用程序只进行单次查找，然而，让它执行多个查找步骤可能会有一些好处。请注意，这与生成多个搜索查询是不同的。当生成多个搜索查询时，可以并行搜索。而进行多次查找的目的是最终的答案可能取决于之前查找的结果，而这些查找必须按顺序进行。在 RAG 应用程序中，这样的做法相对较少见，因为它会增加成本和延迟。

能够多次查找信息的应用程序开始变得更像智能体，在回答复杂问题的长尾部分时表现更好。然而，这通常是以延迟和可靠性为代价的。

不能多次查找信息的应用程序则相反：它们通常更快、更可靠，但能力较差，难以处理复杂问题的长尾部分。

举个示例，对于以下问题："谁赢得了 2023 年女足世界杯？该国的 GDP 是多少？"

考虑到单次查找的应用程序不能多次查找信息，我们不指望它能够很好地处理这种情况。而多次查找的应用程序由于可以执行多个动作，它有可能正确回答这个问题。不过值得注意的是，回答该问题所花费的时间可能会明显长于单次查找的应用程序。WebLangChain 为了更快的聊天体验使用了单次查找的设计思路。

应该只给出答案？还是提供额外的信息？

一种被广泛采用的做法是不仅提供答案，还提供答案来源。这对用户有重要意义，它使得验证大语言模型给出的答案变得容易（因为用户可以导航到引用的源并自行检查）。

WebLangChain 在特定的约定下提供答案来源。该特定约定涉及要求大语言模型生成以下注释中的来源：[N]。然后在客户端解析它并以超链接的形式呈现。效果如图 11-4 所示。

图 11-4

需要注意，不是所有大语言模型都能确保这样的引用效果，在实际测试中，使用 ChagGPT 3.5 有较大概率能按照提示给出重要语句的参考链接，如果不能正确给出则需要用户自行查看 WebLangChain 给定的引用链接来确认信息来源的可靠性。

11.4　小结

本章详细介绍了一个检索增强生成的示例，具体包括 WebLangChain-ChatGLM 的环境配置、运行方式及底层原理，深入介绍了检索增强生成系统的设计要点和需要特别注意的问题。检索增强生成系统中的设计决策往往是一种权衡，需要开发者在实际应用场景中做出明智的选择。例如，总是查找信息可能增加系统的复杂性，而允许多次查找信息可能引入更多的延迟，需要根据具体的应用场景和用户需求做出权衡，并在系统设计中找到最佳平衡点。

本章提供了一个全面的视角，帮助读者理解检索增强生成系统。通过深入研究示例应用程序，我们不仅探讨了系统的具体实现细节，还强调了系统设计中需要考虑的重要决策点。这些知识将有助于读者更好地应用检索增强生成技术，并根据实际需求进行灵活的设计。